DEUX CENTS
PROCÉDÉS NOUVEAUX
UTILES ET ÉPROUVÉS,

CONCERNANT

LES ARTS, MÉTIERS ET MANUFACTURES,

PUBLIÉS

PAR UN PHILANTHROPE.

Prix : 2 francs.

MONTAUBAN,
IMPRIMERIE DE FORESTIÉ NEVEU ET COMP^{e},
Place de l'Horloge, 36.

—

1850.

DEUX CENTS
PROCÉDÉS NOUVEAUX
UTILES ET ÉPROUVÉS,

CONCERNANT

LES ARTS, MÉTIERS ET MANUFACTURES,

PUBLIÉS

PAR UN PHILANTHROPE.

MONTAUBAN,
IMPRIMERIE DE FORESTIÉ NEVEU ET COMP[e],
Place de l'Horloge, 36.

—

1850.

PRÉFACE.

Nous croyons rendre un vrai service à la société en publiant *Deux cents procédés*, appelés vulgairement *secrets*, tous susceptibles d'une exécution facile, sûre et peu coûteuse; offrant, en ce qui concerne les arts, les métiers et les manufactures, des applications d'un usage général.

Chacun pourra y trouver un emploi utile et agréable de ses loisirs, et même un état lucratif, assorti à ses goûts et à ses facultés.

Loin de nous le charlatanisme, pratiqué malheureusement très-souvent par les auteurs de livres extravagants, qui abusent de la foi crédule du public.

Tous les procédés que renferme notre petit ouvrage sont éprouvés; c'est un recueil de tout ce que les sciences anciennes et actuelles présentent de plus avantageux à la société.

Uniquement conduit par un sentiment de philanthropie, l'auteur espère que ses efforts seront convenablement appréciés du public éclairé.

DEUX CENTS

PROCÉDÉS NOUVEAUX

UTILES ET ÉPROUVÉS.

Procédé pour faire le Fer-Blanc.

Prenez du son de seigle pur, à discrétion; faites-le bouillir un ou deux bouillons dans du vinaigre mêlé d'un peu d'eau, et au même instant mettez-y les feuilles de fer noir (tôle); puis, ôtez du feu et bouchez bien le vaisseau, qui doit être assez large pour que les feuilles plongent entièrement. Après un bain d'environ trois fois vingt-quatre heures, retirez-les, écurez-les avec le son même dans lequel elles ont trempé, et passez dessus un peu de grès; cela fait, mettez-les encore dans de l'eau où ait été dissous du sel ammoniac, et, les ayant retirées, trempez-les dans de l'étain fondu; après cette opération, faites égoutter les feuilles, puis frottez-les avec du son de seigle, et vous aurez du fer-blanc.

Procédé pour rompre le Fer, fût-il aussi gros que le bras.

Avec du savon fondu il faut oindre le fer vers le milieu; puis, avec la pointe d'un couteau, on nettoie l'endroit où l'on veut que le fer se rompe; enfin, on entoure ce fer d'une éponge imbibée d'eau ardente de trois cuites: six heures après il rompra.

Procédé pour augmenter la vertu de l'aimant

Il faut le faire tremper pendant quarante jours dans de l'huile de fer.

Procédés divers pour changer le fer en cuivre.

1er Procédé. — Le fer se change aisément en cuivre en le plaçant par couches entremêlées de vitriol (sulfate de cuivre) sur un descendoir, et en le soumettant à un fort feu de soufflet, de manière que le fer coule et se fonde avec le cuivre; il faut, lorsqu'on a placé les couches de fer et de vitriol, les arroser d'un peu de vinaigre empreint de salpêtre et de sel alcali, ainsi que de sel de tartre, avec du vert de gris (sous-carbonate de cuivre).

2e Procédé. — Il faut prendre du vitriol en poudre et en distiller l'esprit par la cornue; puis relever les esprits sur la tête-morte, et y plonger et éteindre des lamines de fer ou de la limaille rougie au feu; bientôt après le fer se convertira en cuivre.

3e Procédé. — Dissolvez du vitriol dans de l'eau commune, filtrez au papier gris, puis faites évaporer l'eau jusqu'à pellicule, et mettez-la à la cave pendant une nuit: vous aurez des glaçons verts; rougissez-les au feu, puis dissolvez-les trois ou quatre fois dans du vinaigre distillé, les desséchant chaque fois; ces glaçons demeureront rouges; dissolvez-les encore dans le même vinaigre, et éteignez-y des lames de fer ou bien de la féraille, qui, par ce moyen, se changera en cuivre.

Procédé pour conserver l'éclat des armes.

Détrempez de la poudre d'alun dans du vinaigre le plus fort que l'on puisse trouver, et frottez-en les armes; par ce moyen elles se conserveront toujours luisantes.

Procédé pour tremper l'acier de manière qu'il coupe le fer aussi facilement que le plomb.

Extrayez à l'alambic l'eau d'une certaine quantité de vers de terre; mêlez y autant de suc de raifort, puis éteignez-y quatre à cinq fois l'acier bien embrasé. On emploie cet acier pour fabriquer des couteaux, des épées et divers instruments, avec lesquels on coupe le fer aussi facilement que le plomb.

Procédé pour amollir l'acier.

Prenez des gousses d'ail, la quantité que vous jugerez convenable, ôtez-en la grosse écorce, et faites-les bouillir dans de l'huile de noix jusqu'à la consistance d'onguent; vous enduisez l'acier d'une couche de cet onguent ayant à peu près l'épaisseur d'une pièce de cinq francs; ensuite vous mettez l'acier ainsi préparé dans une forge très ardente, et il deviendra doux. Pour lui donner alors la trempe à rouge de cérise, il faut l'éteindre dans de l'eau très-froide.

Procédé pour donner au cuivre une belle couleur d'or et en faire des ouvrages.

Prenez demi-kilogramme de cuivre, fondez-le dans un creuset, puis y jetez 31 grammes (une once) de tutie d'Alexandrie en poudre subtile; mêlez avec 62 grammes (deux onces) de farine de fèves, observez de remuer la matière continuellement et d'éviter la fumée : après deux heures de fusion, vous retirerez la matière et la laverez, puis la remettrez dans le creuset avec égale quantité des mêmes poudres; quand la fusion sera opérée, vous ferez refroidir ce cuivre pour l'employer aux ouvrages que vous désirerez.

Procédé pour enlever sur-le-champ la rouille du fer.

Il faut frotter le fer avec un linge trempé dans l'huile de tartre, par défaillance.

Procédé pour rendre le fer aussi blanc que l'argent.

Fondez de la limaille de fer avec de la poudre de réagal ; puis prenez environ 30 grammes de cette matière, 30 grammes d'étain et 30 grammes de cuivre; fondez le tout ensemble, puis le mettez à la coupelle, et vous en retirerez 30 grammes d'argent fin, qui vous servira pour rendre le fer aussi blanc que l'argent.

Procédé pour préserver le fer de la rouille.

Faites chauffer le fer jusqu'à ce qu'on ne puisse le toucher sans se brûler, puis frottez-le de cire blanche neuve, et remettez-le au feu pour qu'il absorbe la cire; essuyez avec un morceau de serge ou autre étoffe croisée, et jamais le fer ne se rouillera.

Procédé pour tailler facilement le caillou.

Il faut le faire bouillir quelque temps dans du suif de mouton, et ensuite on le taillera aisément.

Procédé pour dorer ou argenter les médailles.

On emploie le sel admirable de Glauber, composé de nitre et d'huile de vitriol. Il faut que l'huile recouvre le sel; quand les ébullitions sont passées, on distille à sec, et il reste un sel blanc comme de la neige, qu'il faut dissoudre dans de l'eau chaude le plus qu'il est possible, et y mettre un gros d'or en chaux; puis on laisse les médailles digérer pendant vingt-quatre heures, sur un feu doux, afin qu'elles soient parfaitement dorées ou argentées.

Huile dont 30 grammes durent beaucoup plus que 500 grammes d'huile ordinaire.

Prenez du beurre frais, de la chaux vive, du tartre cru et du sel commun, en parties égales, le tout broyé et mêlé avec soin ; il faut l'abreuver de bonne eau-de-vie, et distiller dans une cornue bien lutée sur un feu gradué, après avoir adouci le récipient, et avoir bien luté les jointures.

Procédé pour rendre le fer aussi beau que l'argent.

Prenez du sel ammoniac en poudre, que vous mêlez à une égale quantité de chaux vive; puis vous mettez le tout dans de l'eau froide et le mêlez bien ensemble; ensuite faites rougir votre fer à la forge et trempez-le dans cette eau, il deviendra aussi blanc que l'argent.

Vernis excellent pour frotter les images, tableaux, colonnes, bois, etc.

Mettez dans une fiole de verre un demi-kilogramme de mastic blanc, et versez dessus ce qu'il faut d'huile pour couvrir tout le vernis; puis placez la fiole sur les charbons ou cendres bien chaudes. Lorsqu'il sera fondu, vous ôterez la fiole du feu, et la remuerez vivement. On frotte avec ce vernis les images, tableaux, colonnes, bois, etc.

Vernis pour les tableaux.

Il faut prendre quatre onces (124 grammes) de gomme arabique fort claire, la faire infuser sur des cendres chaudes pendant une nuit dans un demi-kilogramme d'eau; après l'avoir filtrée dans un linge, ajoutez-y la grosseur d'une noix de miel blanc de

Narbonne, filtré également, et la moitié d'une noix de sucre candi : on s'en sert sans pinceau.

Jaspe noir ou marbre jaspé.

Prenez du soufre vif, de la chaux vive, de l'eau forte et du brou de noix vertes, de chacun une once (31 grammes); détrempez le tout ensemble, puis étendez cette matière sur ce que vous voulez jasper, colonne, table ou autre chose, au moyen d'une brosse. Cela fait, placez l'objet, ainsi préparé, dans du fumier, l'espace de huit jours; lorsque vous le retirerez au bout de ce temps, il sera tout marbré.

Vernis pour toutes sortes de couleurs.

Il faut prendre 31 grammes (une once) d'ambre blanc, d'esprit de térébenthine 250 grammes (huit onces), esprit de vin rectifié 124 grammes (quatre onces); mastic et gomme de genièvre, de chacun 4 grains; infusez le tout pendant huit jours, et réduisez-le d'environ la troisième partie par l'évaporation sur un feu doux. — On l'emploie pour toutes sortes de couleurs.

Vernis sur plâtre et autres matières.

Dans le vernis de copal et d'esprit de vin, il faut mettre du talc calciné.

Vernis clair de la Chine pour toutes matières.

Il faut prendre 30 grammes d'ambre blanc, 8 grammes de sandaraque, 8 grammes de gomme copal; vous pilerez le tout ensemble et le mettrez dans un matras, où il n'y ait aucune humidité; par 30 grammes de ce mélange ajoutez 90 grammes d'esprit de vin. Bouchez bien le matras avec du linge bien serré, sur lequel vous appliquez de la colle de farine et un autre linge fortement lié. Vous ferez cuire le vernis sur les cendres chaudes, et vous le laisserez bouillir jusqu'à ce que tout soit dissous.

La pièce à vernir étant bien unie, il faut appliquer les couleurs détrempées avec de la colle de poisson et de l'eau-de-vie; lorsqu'elles sont sèches, il faut y passer deux ou trois couches de vernis; laissant sécher une couche avant d'étendre l'autre. Dès que le vernis est sec, il faut le polir avec de l'huile d'olive et du tripoli; ensuite on essuie l'huile avec un linge.

Si l'on veut un vernis pour la miniature, il faut y mettre une partie égale d'ambre blanc et de gomme copal: l'esprit de vin doit l'emporter sur la poudre.

Vernis rouge plus foncé que le corail.

Il faut prendre du vermillon d'Espagne, du vermillon broyé avec de l'eau-de-vie, et ajouter la sixième ou la huitième partie de laque.

Vernis qui résiste dans l'eau.

Il faut choisir de l'huile de lin la plus pure, la mettre dans un pot de terre plombé, puis sur un réchaud plein de braise; on mêle avec cette huile de la résine environ une quatrième partie: et l'on fond le tout ensemble à petits bouillons, de peur qu'il n'en sorte du pot. L'huile au commencement se formera toute en écume, mais en continuant de bouillir, l'écume disparaîtra. Il faut continuer le feu jusqu'à ce que, prenant avec un petit bâton un peu de cette huile, on la voie filer comme le vernis. Alors on l'ôte du feu; si elle est claire, on ajoute encore de la résine et on continue à faire bouillir le tout. Lorsque le vernis est ainsi préparé, on l'applique et on le fait sécher au soleil, autrement il ne sècherait pas sans feu. — Ce vernis est si fort, qu'on peut l'employer pour les vaisselles de bois, sans que l'eau chaude puisse les gâter. On l'applique à plusieurs ouvrages ; mais il faut choisir la résine bien nette, et la faire bouillir longtemps.

Vernis pour le papier.

Prenez une légère couche de colle forte, bien claire et bien sèche; faites-la fondre avec trois parties d'huile d'aspic et une de poix-résine; ce vernis s'applique par couche légère sur le papier : il est très-beau, si on l'étend bien régulièrement.

Ciment résistant à l'eau pour coller les vases cassés.

On prend de la chaux-vive, de la térébenthine et du fromage mou qu'on mêle bien, et avec la pointe d'un couteau on l'applique au bord des pièces de faïence.

Vernis pour le plâtre.

Il faut prendre du savon d'Alicante, qui est blanc ; on le râpe menu, puis on le met dans un pot plombé et on le détrempe peu-à-peu avec le doigt dans de l'eau jusqu'à ce qu'elle soit comme du lait épais ; on laisse reposer cette eau sept ou huit jours, la couvrant pour empêcher que la poussière n'y entre. Ensuite on prend une brosse douce et courte, on lave de cette eau la pièce de plâtre, puis on la fait sécher ; quand elle est sèche, on la frotte légérement avec un linge en se plaçant à contre-jour, pour mieux voir les endroits qui se poliront ; l'ouvrage paraîtra blanc comme l'albâtre.

Vernis pour dorer les cuirs argentés ou couverts d'une feuille d'étain, avec rameaux, feuilles de couleurs differentes.

Il faut prendre 1 kilogramme 1/2 d'huile de lin,

1/2 kilogramme du vernis appelé sandaraque des Arabes (gomme de genièvre), 1/2 kilogramme de poix brute, et 16 grammes de safran, ou mieux encore le même poids d'étamines de lys. On fait cuire le tout ensemble dans un pot de terre vernissé ou dans une poële, en prenant garde que la matière ne brûle. — Pour savoir si elle est assez cuite, on y plonge un instant une plume; si les barbes sont grillées, la matière est assez cuite. On l'ôte alors du feu et l'on y jette 1/2 kilog. d'aloès hépatique, choisi et mis en poudre; il faut toujours remuer avec la spatule. Après avoir fait cuire ce vernis sur un feu qui ne soit pas trop violent, on le laisse reposer hors du feu; enfin, après une troisième cuisson à petit feu, en ayant eu soin de bien mêler les matières, on passe ce vernis à travers un linge fort, aussitôt qu'il est reposé.

On applique les feuilles d'argent ou d'étain sur le cuir, au blanc d'œuf ou à l'eau de gomme; et quand l'endroit est proprement couvert desdites feuilles, on donne une couche à chaud du vernis ci-dessus; dès qu'il a été bien séché au soleil, il est couleur d'or.

Mastics divers pour coller les vases cassés.

On prend la quantité que l'on veut de blanc d'œufs, que l'on bat très-fort; puis on y ajoute du fromage mou et de la chaux vive, et on bat le tout ensemble. Ce mastic sert à coller toute espèce de vases, même les vases de verre; il résiste au feu et à l'eau.

Autre moyen. — On met en poudre très-fine un pot de grès, et on y ajoute des blancs d'œufs avec un peu de chaux vive.

Autre moyen. — On prend de la chaux vive, du coton et de l'huile, de chacun égale partie.

Ciment pour les vaisselles de faïence.

Faites fondre la quantité que vous voudrez de

cire et de résine, que vous mêlerez avec du marbre en poudre.

Ciment froid pour les citernes et fontaines.

On prend de la litharge ou protoxide de plomb, et du bol en poudre ou argile ocreuse (terre rouge), de chacun 1 kilog.; terre jaune et résine, de chacun 125 grammes; suif de mouton, 156 grammes; mastic et térébenthine, de chacun 62 grammes; huile de noix, ce qu'il en faut pour rendre ce mélange maniable; vous pétrirez le tout ensemble, et puis vous l'emploierez.

Composition pour dessiner les broderies en or ou en argent.

On prend 1/2 kilogramme d'huile de lin; sandaraque, mastic, poix de Bourgogne bien fétide, cire neuve, térébenthine, de chacun 125 grammes; on pile le tout et on fait bouillir ce mélange pendant deux heures, à petit feu, dans un pot de terre vernissé. En y ajoutant de la céruse et de la terre d'ombre subtilement pulvérisée, on pourra s'en servir. Cette composition devenant aussi dure que le marbre, on ne doit la faire qu'au moment de tracer les dessins.

On peut s'en servir sur toute espèce d'étoffes, toile, drap, soie, et même sur bois, plâtre, etc. On fait peindre et tracer des armes, figures, fleurs, fruits, etc., selon son idée; puis on remplit et relève avec ladite pâte, en l'appliquant pendant qu'elle est molle; lorsqu'elle commence à sécher, on la fait peindre, dorer, argenter. Le fond peut se peindre aussi de la couleur qu'on voudra; on y applique dessus des paillettes d'or, ce qui se fait après quelques couches de colle de poisson et de poix-résine, fondues en vernis. — Ce genre d'ornement a été employé à Vienne sur le grand autel de la Vierge.

Manière de faire les bouchons.

On prend une égale quantité de cire, de saindoux (graisse de porc) et de térébenthine ; on fait fondre le tout ensemble, et l'on s'en sert pour boucher les bouteilles.

Procédés divers pour imiter les émeraudes et autres pierres précieuses.

On prend du sel alcali (carbonate de potasse ou de soude) qu'on dissout dans l'eau et qu'on distille par le feutre ; le sel qu'on en retire par l'évaporation est de nouveau dissous et desséché trois fois avant de le mettre en poudre ; puis on prend du cristal fin, broyé et tamisé dans un tamis de pharmacien comme pour le cristal préparé. On prend 80 grammes de ce cristal, 62 grammes de sel alcali, 31 grammes de verdet (sous-acétate de cuivre), lequel doit être préalablement détrempé dans du vinaigre et coulé. On met ces trois poudres dans un petit pot de terre plombé, qu'il faut couvrir et luter hermétiquement. Trois ou quatre jours après, et lorsque le lut est bien sec, on place le vase dans un four à potier pendant vingt-quatre heures.

Lorsque cette matière a été retirée du four, on la divise en petits morceaux que l'on taille comme les pierres fines ; ces imitations sont très-belles et ressemblent parfaitement aux pierres naturelles. — Si l'on veut des rubis, on remplace le verdet par du cinabre ; pour les saphirs, on emploie le lapis-lazuli ; et pour les hyacinthes, le corail.

La plus belle pâte pour les pierres artificielles se fait avec les cristaux, les cailloux ou la topaze de Bohême, tandis qu'en employant le verre et le plomb les pierres sont plus tendres et plus lourdes.

On calcine les cailloux et les topazes comme on fait le cristal ; puis on y joint la couleur que l'on veut ;

le minium et le vert de gris donnent la couleur des émeraudes; la céruse et le safran de mars, celle des hyacinthes; le minium et la céruse, celle des cryolites; la zaphère ou le lapis-lazuli, comme aussi le sel ammoniac et l'argent, la couleur des saphirs. Ceux qui ont le secret d'extraire le soufre de l'or, assurent qu'ils peuvent donner au cristal la belle couleur des rubis, au moyen de ce soufre solaire et incombustible.

Autre moyen. — On prend 62 grammes de cristal préparé comme nous l'avons indiqué dans le procédé ci-dessus, 31 grammes de borax (sous-borate de soude), huit grains de magnésie. Il faut bien mêler le tout dans un mortier de fonte, et placer la mixtion dans un creuset qu'on recouvre avec un autre creuset de même force; puis on lute avec soin, et quand le lut est sec, on met les creusets pendant une ou 2 heures au plus dans un four de potier; lorsque le creuset est refroidi, on le casse et l'on a une belle matière prête à tailler en émeraudes.

Il est à observer que la chaux de glace n'est autre chose que la dissolution d'étain de glace dans l'eau forte, adoucie avec de l'eau commune filtrée. Il est important de bien mêler cette chaux et la magnésie avant de l'incorporer avec le cristal.

Procédé pour imiter les topazes.

On prend 62 grammes de cristal, 31 grammes de borax, 31 grammes de teinture de mars; on mêle le tout dans un mortier de fer, puis on place la matière dans un four comme il a été dit pour les émeraudes.

Procédé pour imiter les saphirs.

Prenez 62 grammes de cristal, 31 grammes de borax, 31 grammes d'outremer, 48 grammes de magnésie, et procédez comme ci-dessus.

Procédé pour imiter les hyacinthes.

On prend 62 grammes de cristal, 31 grammes de borax, 16 ou 18 grammes de safran de mars et autant de magnésie, et on procède comme pour les émeraudes.

Procédé pour imiter les rubis.

On prend 24 grammes de jaspe rouge d'Allemagne, 8 grammes de cristal pulvérisé, 96 grammes de minium (deutoxite de plomb). Cette matière se prépare encore comme pour les émeraudes, mais elle doit cuire au moins sept heures.

Procédé pour calciner le cristal et en faire des pierres précieuses.

On fait dissoudre 32 grammes de tartre calciné dans une écuelle pleine d'eau claire, puis on coule dans un autre vaisseau ; ensuite on fait rougir sur le feu dans une cuiller de fer les pièces de cristal ou de calcédoine ; puis on les éteint dans l'eau de tartre qu'on a préparée. Cette opération doit être répétée six ou sept fois, afin que la calcination soit complète. Enfin, on pulvérise les pièces fort subtilement, et on met cette poudre dans la mixtion que l'on a choisie, ainsi que nous l'avons indiqué pour les émeraudes.

Il est à observer que si l'on veut en faire des émeraudes, il est indispensable de broyer les cristaux dans un mortier d'airain ; et que si l'on désire des rubis ou autres pierres semblables, il faut broyer le cristal dans un mortier de fer, et éviter de le mettre dans un d'airain.

Procédé pour imiter les diamants.

On prend des cailloux bien calcinés et fort blancs, réduits en poudre impalpable, six parties ; sel de tartre très-blanc et bien pulvérisé, quatre parties ; on mêle le tout ensemble avec une cuiller d'argent bien nette, et sept parties de sel de soude. Il faut avoir un creuset fait avec la terre dont se servent les verriers, et placer ce creuset, lorsqu'il est prêt, dans un feu de verrerie; plus la matière restera au feu, et plus elle sera belle et dure; il faut l'y laisser au moins sept mois pour qu'elle acquierre un beau lustre.

Il est à remarquer qu'il faut passer dans le plus fin des tamis de pharmacien, les poudres employées pour imiter les pierres précieuses.

Eau qui durcit les pierres artificielles.

On prend de petites pièces ou morceaux de calamine (oxide de zinc), on les calcine comme nous avons dit pour le cristal, puis on les pulvérise et on les place dans un lieu humide jusqu'à ce que tout soit dissous dans l'eau. Dans cette eau, il faut pétrir du vitriol d'Allemagne, de Rome, ou de Hongrie, tout cru, sans le rougir, et mettre cette pâte encore molle dans une cornue pour en distiller l'eau, avec laquelle on pétrit de la farine d'orge; on obtient ainsi une pâte dure. De cette pâte on enveloppe les pierres lorsqu'elles sont taillées ou formées à la roue; puis on les place dans un four au moment où l'on y met le pain, pour les retirer aussi en même temps; après avoir enlevé la pâte, on trouvera les pierres artificielles aussi dures que si elles étaient naturelles.

Eau ou teinture pour mettre sous les diamants fins ou faux.

On prend de la fumée de chandelle ramassée au fond d'un bassin, et on l'empâte avec un peu d'huile de mastic; puis il faut mettre de cette mixtion sous le diamant dans le châsse de la bague.

Moyen de contrefaire les diamants avec les saphirs blancs.

On prend de l'émail blanc bien pulvérisé, qu'on mêle avec une égale quantité de limaille de fer ; puis on met à part un peu d'autre émail blanc, seul et sans limaille, bien pulvérisé, qu'on empâte avec de la salive ; on enveloppe un saphir blanc dans cette pâte, le laissant ensuite très-bien sécher au four ; cela fait, on le fixe au bout d'un fil de fer très-délié : il est nécessaire que le bout de ce fil soit assez long pour le retirer du four quand on voudra. Ensuite on entoure cette boule avec de la limaille mêlée d'émail, et on laisse le tout au feu jusqu'à ce que l'émail soit sur le point de fondre ; alors avec un bout de fil de fer on retire la pierre pour voir si la couleur est telle qu'on la désire ; dans le cas contraire, on peut la remettre au four.

Ciment pour rendre le cristal semblable aux diamants, et pour durcir les saphirs d'Alençon au point qu'ils coupent parfaitement le verre.

Avec de la farine d'orge criblée et de l'huile de pétrole, formez une pâte dure, que vous séparez en deux ; vous placez au milieu les pierres, en ayant soin qu'elles ne se touchent pas ; il faut les couvrir de la même pâte et réunir les deux pièces ; puis on couvre cette masse d'un bon lut et on la soumet à un feu de roue pendant quatre ou cinq heures, en l'augmentant par degrés au bout de deux heures ; les pierres qu'on obtiendra seront aussi étincelantes que des diamants.

Manière de blanchir les diamants.

On prend de la farine d'orge et du verdet, parties égales ; on fait éteindre de l'aimant rouge et calciné au feu dans du fort vinaigre, et cela huit ou dix fois ; alors avec de cette lessive ou dudit vinaigre, de la farine d'orge et du verdet en poudre, on forme une pâte dont on enveloppe les diamants; puis on sèche cette pâte à feu lent, et enfin on donne un feu assez fort pendant quatre heures.

Moyen de connaître si une pierre est fausse.

On fait chauffer une plaque de fer, sur laquelle on passe de l'huile; il faut avoir du verre en poudre qu'on étend dessus; ensuite on couvre le verre en poudre de charbons allumés, on approche la pierre de ce charbon, sans pourtant la faire toucher au charbon; si la pierre perd son lustre, elle est fausse.

Autre moyen. — On fait chauffer la pierre en la frottant avec une pièce ou morceau de drap; ensuite on frotte cette pierre avec un morceau de plomb; et s'il en demeure quelque trace sur la pierre, elle est fausse.

Moyen de contrefaire les perles et de les grossir autant que l'on veut.

On prend des semences de perles la quantité qu'on veut; on les choisit bien blanches, sans être percées; on les lave bien dans l'eau chaude et on les laisse sécher; puis il faut les broyer dans un mortier de marbre bien net et très-poli, et détremper cette poudre dans un mortier de verre avec de l'eau mercurielle; on transvase ce mélange d'un mortier de verre dans un autre jusqu'à ce qu'il soit si bien mêlé, qu'il ne paraisse qu'une liqueur claire, et qu'on ne distingue plus de poudre; l'eau mercurielle doit avoir tiré toute la substance des perles, et les perles avoir pris la substance de l'eau. Alors on couvre le vaisseau de verre avec son couvercle, et on l'expose au soleil l'espace de vingt jours, au bout desquels on apercevra sur la liqueur une autre liqueur comme une huile grasse. On écrême cette huile avec une cuiller d'argent ou de verre; on met cette liqueur à part dans une fiole, pour s'en servir en temps utile. Cela fait, on prend le vase dans lequel reste la liqueur déjà écrémée, on tire à part cette huile, et on chauffe le vase au bain-marie; quand l'eau du bain bouillira, on écumera encore ce liquide, et on mettra le résidu à part dans une autre fiole, pour s'en servir au besoin.

Ce qui reste au fond du vase, après avoir tiré cette seconde crême, s'appelle lait de perles; il est excellent pour le fard des femmes. On prend des perles à sa volonté, noires, brunes, quelques laides qu'elles puissent être, pourvu qu'elles soient rondes ou en forme d'olive; si elles ont cette dernière forme, on a soin de les enfiler avec un fil d'argent ou de soie de pourceau, et on les met infuser pendant douze heures dans le lait de perles qui reste. Lorsqu'on les retire de ce bain, elles se sont amollies et ont grossi d'autant qu'elles se sont empreintes de la liqueur; on les met dans un vase que l'on couvre de son couvercle, puis on place ce vase au soleil pendant douze heures; les perles reprendront leur dureté naturelle.

On a soin de suspendre les perles de manière à ce qu'elles ne soient en contact avec aucun corps étranger. Lorsqu'elles sont restées exposées au soleil, on les remet tremper dans le lait pendant douze heures, pour les grossir encore, et puis on les expose au soleil de la même façon que ci-dessus. On continuera ainsi jusqu'à ce que les perles aient acquis la grosseur désirée; et lorsqu'elles auront séché pendant douze heures au soleil une dernière fois, on les mettra tremper pendant douze heures dans l'écume qui a été extraite du bain-marie; puis on les fera sécher au soleil encore douze heures; après quoi, on les mettra tremper dans l'autre liqueur (la première huile se trouvant dans le vase de verre); il faut y laisser encore les perles pendant douze heures ; après quoi, on les fait sécher au soleil pendant le même temps. Lorsqu'elles sont sèches, l'opération est terminée ; et l'on a des perles naturelles très-fines, rondes, grosses et non sophistiquées.

Moyen de vernir les boiseries.

On met sur le bois que l'on veut colorer deux couches de blanc de Troyes, détrempé avec de la colle de gants ; on donne ensuite une troisième couche de céruse ; puis ayant détrempé la couleur que l'on désire avec de l'huile de térébenthine, on la mêle avec le vernis, et on l'applique sur le bois préparé comme nous dirons ci-après.

Moyen de préparer le bois pour le vernis.

Il faut polir le bois avec la prêle et la pierre-ponce; puis la couleur étant délayée avec le vernis dans une coquille, et bien démêlée avec le doigt, on l'applique en y repassant six ou sept fois; ensuite il faut prêler avec la ponce subtilisée sur le marbre; après quoi, on donne deux ou trois couches en vernis clair; lorsque le tout est sec, on trempe un linge dans de l'huile d'olive, et on le passe sur l'ouvrage ; puis on le frotte avec du tripoli en poudre , et l'on essuie avec un linge blanc ; on passe en dernier lieu la peau de chamois par-dessus.

Moyen de préparer la couleur noire.

On prend du noir de fumée, ou de l'ivoire brûlée, que l'on broie sur une pierre ou table de marbre avec du vinaigre et de l'eau , jusqu'à ce qu'il soit en poudre impalpable ; quand on l'a ramassé, on le conserve dans une vessie. Le noir de pieds de mouton brûlés et réduits en poudre impalpable fait un noir de velours.

Le tournesol brûlé avec de la chaux vive et de l'eau, et mêlé avec de la colle de gants, fait le bleu.

Autre moyen. — On prend des coquilles de noix, que l'on fait brûler sur une pelle de fer ; puis on les jette dans une terrine pleine d'eau ; lorsqu'on les fait sécher, il faut les broyer sur le marbre avec de l'huile ou du vernis.

Procédé pour faire le noir fin.

On met une grosse mèche de coton dans une lampe pleine d'huile de noix, on l'allume et on suspend au-dessus un plat de terre renversé, destiné à recevoir tout le noir que produit la fumée.

Moyen de vernir une cheminée.

On la noircit d'abord avec du noir et de la colle ; quand le noir est sec, on met par dessus du blanc de plomb détrempé avec de la colle ; le blanc étant sec, on prend du vert de gris (sous-acétate de cuivre) broyé avec de l'huile de noix, mêlée avec du gros vernis, et l'on en frotte avec une brosse sur le blanc ; on obtient ainsi une belle couleur verte.

Carmin à peu de frais.

Il faut briser et concasser, dans un mortier de fonte, 250 grammes de bois du Brésil, dit Fernambouc, de couleur d'or ; puis le mettre en infusion dans un vase de terre vernissé, contenant du vinaigre distillé ; quand il aura infusé vingt-quatre heures, on le fera bouillir pendant un quart d'heure ; on filtre cette mixtion au moyen d'une toile neuve très-forte ; puis on la fait bouillir, et dès qu'elle est en ébullition, on verse dans la mixtion du vinaigre blanc où l'on a fait dissoudre 93 grammes d'alun de roche ; il faut remuer fortement avec une spatule de bois ; enfin, on ramasse dans un vase de verre et l'on fait sécher l'écume qui s'élève et qui doit former le carmin.

Procédé pour peindre ou dessiner sur verre.

On prend du noir broyé avec de l'eau de gomme, dans laquelle on met du sel commun. Il faut dessiner avec ce qu'on voudra; puis on ombrera, en suivant les indications ci-après.

Lavis pour le verre.

Prenez de la paille de fer et de la rocaille, en parties égales; pour faire un peu rouge, ajoutez de la paille de cuivre rouge; broyez le tout ensemble dans un bassin de cuivre ou sur une plaque de porphyre avec une molette d'acier; ajoutez-y un peu de gomme arabique, du borax, du sel commun et de l'eau claire; broyez le tout ensemble et laissez-le assez liquide pour le conserver dans une fiole. Vous en déposez une couche sur le dessin fait la veille, et avec une plume de coq d'inde non fendue le lendemain vous rehausserez les jours, ainsi qu'on le fait pour les dessins sur papier gris; plus il y aura de couches de lavis, et plus l'ombre sera forte. Vous finirez de coucher les couleurs en employant le procédé suivant.

Laque sur verre.

On prend de la laque broyée avec de l'eau gommée et salée, et puis on l'applique sur verre; pour faire les ombres, on y met plusieurs couches.

Moyen de peindre en violet sur le verre.

On prend de la laque et un peu d'inde broyés avec de l'eau gommée et salée, et on l'emploie comme nous l'avons dit ci-dessus pour la laque.

Moyen de peindre en vert sur le verre.

On prend de l'inde et de la gomme gutte à discrétion, on les broie ensemble et on les emploie comme les couleurs précédentes.

Moyen de peindre en jaune sur le verre.

On prend de la gomme gutte salée, et on l'applique sur le lavis.

Moyen de peindre en blanc sur le verre.

Il faut rehausser fortement avec la plume les endroits blancs, et ensuite appliquer le vernis suivant.

Vernis sur le verre.

On fait bouillir de l'huile de noix, de la litharge, des râclures de plomb et de la couperose blanche calcinée (sulfate de zinc); puis on couche le résidu sur les couleurs et le lavis.

Moyen de peindre sur le verre.

On prend de la gomme arabique que l'on fait dissoudre dans l'eau avec du sel commun; on la met dans une bouteille neuve que l'on bouche, et on s'en sert pour broyer les couleurs avec lesquelles on veut peindre; si les couleurs n'adhèrent pas assez, il faut mettre dans l'eau une plus forte dose de sel.

Procédés pour nettoyer les tableaux.

Après avoir détaché le tableau de sa bordure, on le couvre d'une serviette propre, qu'il faut maintenir dans un état incessant d'humidité pendant douze, treize, quatorze, et même dix-huit jours, s'il en est besoin, jusqu'à ce que le linge ait pompé toutes les parties crasseuses du tableau; puis on prend de l'huile de lin épurée longtemps au soleil, et avec le bout du doigt on en frotte le tableau: il deviendra aussi beau que s'il était neuf.

Autre moyen. — On prend deux peintes de vieille lessive et 125 grammes de savon de Gênes râpé trèsmenu ; on ajoute à ce mélange un demi-litre de vin, et on le fait bouillir légèrement au feu ; on passe le tout dans un linge et on le laisse refroidir ; puis on trempe une brosse dans cette composition, on frotte le tableau et on le laisse sécher ; lorsqu'il est sec, on lui donne une autre couche ; ensuite on prend de l'huile de noix, on en frotte le tableau avec un peu de coton et on le laisse sécher ; enfin on l'essuie avec un linge chaud.

Autre moyen. — Dans un pot de terre à moitié plein d'eau on met environ un quart de litre de soude grise en poudre, que l'on fait bouillir 15 à 20 minutes après y avoir râpé un peu de savon de Gênes ; on laisse tiédir ce liquide avant de laver les tableaux ; puis on les essuie et on y passe de l'huile d'olive, qu'il faut essuyer également : les tableaux seront comme neufs.

Autre moyen. — On prend des cendres, de l'eau claire ou de l'urine, ou du vin blanc, et on en frotte les tableaux avec une éponge.

On peut aussi mettre de la limaille dans un mouchoir, avec lequel on frotte les tableaux ; ensuite on prend de la gomme arabique fondue dans l'eau, et l'on en frotte les tableaux. Enfin, on emploie encore à cet usage un blanc d'œuf délayé dans de l'urine, et l'on en frotte les tableaux.

Huile pour empêcher les tableaux de noircir, et pour rendre la toile imperméable, de manière à s'en servir pour se préserver de la pluie.

On remplit une fiole d'huile de noix ou de lin, qu'on expose au soleil jusqu'à ce qu'elle soit dépurée ; puis on la verse dans une nouvelle fiole, que l'on met également au soleil ; on recommence cette opération jusqu'à ce que l'huile ne dépose plus ; puis on l'emploie aux usages ci-dessus indiqués.

Blanc de plomb admirable pour la peinture à l'huile et pour l'enluminure.

On prend du blanc de plomb en écailles, le plus beau qu'on puisse trouver ; on le broie sur la pierre avec du vinaigre, et il devient noir ; alors on le lave bien dans une terrine pleine d'eau, et on le laisse rasseoir ; puis on fait égoutter l'eau en inclinant le vase ; enfin on le broie de nouveau avec du vinaigre, et on le lave jusqu'à trois ou quatre fois pour obtenir un blanc parfaitement beau.

Email sur le fer-blanc, ou bouquets admirables.

Il faut bien nettoyer le fer-blanc, puis le découper en forme de bouquets ou autres ouvrages, et broyer les couleurs dont on a besoin avec de l'eau ordinaire, chacune à part, ensuite on les laisse sécher. Quand on veut les appliquer, on les délaye avec du vernis liquide, chacune en particulier ; puis on les applique avec le pinceau, et on laisse sécher légèrement l'ouvrage, afin que les couleurs ne coulent pas ; enfin on les présente à un feu léger pour les sécher définitivement.

Crayons de pastel excellents et aussi fermes que la sanguine.

On prend de la terre blanche préparée comme pour faire des pipes à tabac, et on la broie sur le porphyre ou l'écaille avec de l'eau commune, en sorte qu'elle soit en pâte ; on prend les couleurs que l'on veut, chacune en particulier ; on les broie à sec sur la pierre le plus fin que l'on peut ; puis on les passe dans un taffetas ou une toile très-fine ; on mêle chaque couleur avec de la pâte, selon que l'on veut la colorer plus ou moins et on ajoute un peu de miel commun et de l'eau de gomme arabique à discrétion.

Il faut de chaque couleur en avoir de plus ou moins foncée, pour les clairs et les ombres; puis on prend chacune de ces pâtes, et on en fait des rouleaux gros comme le doigt, en les roulant entre deux ais bien unis ou sur du papier; on les laisse à l'ombre deux jours; et pour achever de les sécher, on les expose au soleil ou devant le feu avant de s'en servir.

Procédé pour copier sur-le-champ une estampe ou un portrait.

Avec de l'eau d'alun et de savon on mouille une toile ou un papier, qu'on applique sur l'estampe ou le portrait; puis on serre le tout dans une presse, et l'on obtient une assez bonne copie.

Moyen de marbrer le papier d'une manière très-belle.

On prépare le papier pour retenir facilement les couleurs, en mouillant une éponge d'eau d'alun de roche, c'est-à-dire d'eau où l'on a dissout de l'alun; ensuite on passe cette éponge sur la feuille de papier pour l'imbiber de cette eau, et on la laisse sécher. Quand les feuilles sont ainsi préparées, on prend une brosse à peindre, on la charge d'une couleur et on la secoue dans une cuvette pleine d'eau; on prend d'une autre couleur qu'on secoue de même, et ainsi de suite de toutes les couleurs préparées, dont on met une égale quantité. Ces couleurs tombent au fond de l'eau; ensuite on y verse de côté et d'autre, ou bien on y secoue de même, avec une brosse à peindre, du fiel de bœuf et un peu de savon détrempé et délayé dans l'eau; on voit aussitôt toutes les couleurs surnager sans se mêler; on étend alors la feuille de papier sur la surface de l'eau, on la tourne de côté et d'autre; enfin, on la fait sécher après l'avoir lavée, et on la brunit avec la dent-de-loup.

Dorure à la colle et à l'huile.

On se sert de feuilles d'or qui varient de dimensions et de force. Le plus fort et le plus pur est préférable pour dorer sur le fer et sur les autres métaux; le moins fin sert aux dorures sur bois, parce qu'il est moins coûteux.

La manière de peindre à l'huile que l'on a trouvée dans les derniers siècles, a fourni un moyen très-propre de dorer des ouvrages qui résistent à l'injure du temps; ce que les anciens ne pouvaient pas faire avec les procédés qu'ils employaient, car ils ne se servaient que de blancs d'œufs pour fixer l'or sur le marbre ou sur les autres corps qui ne supportent point le feu. — Pour le bois, ils faisaient une composition qui s'employait avec de la colle; mais le blanc d'œuf ni la colle ne résistent pas à l'eau; ainsi, ils ne pouvaient utilement dorer que les ouvrages qui étaient à couvert, tels que voûtes, lambris, etc. La composition dont ils se servaient pour dorer sur le bois était faite de terre glutineuse, qui tenait lieu du blanc à la colle dont on se sert aujourd'hui, et dont les doreurs font la couche qu'ils appellent l'*assiette*.

Dorure à la colle ou à la détrempe.

On commence par faire de la colle avec des rognures de parchemin, ou des rognures de gants. On en met 1/2 kilog. dans un seau d'eau, que l'on fait bouillir dans un chaudron jusqu'à réduction de moitié. Pour encoller le bois sur lequel on veut dorer, on prend la colle bouillante, parce qu'elle pénètre mieux; si elle est trop forte, on y ajoute un peu d'eau; avec une brosse de poil de sanglier on couche la colle, en *adoucissant* si c'est un ouvrage uni; mais s'il y a de la sculpture, il faut mettre la colle en *tapant* avec la brosse, opération qu'on appelle *encoller*.

Quand le bois est ainsi préparé avec de la colle seulement, on prend de cette même colle chaude, que l'on passe à travers un linge, puis on y met du blanc écrasé en quantité suffisante pour qu'il paraisse absorber toute la colle : cela s'appelle *infuser du blanc*.

Ce blanc se fait avec du plâtre bien battu, passé dans un tamis bien fin ; on le noie d'eau, et on l'affine le plus possible avant de le mettre en forme de pains que l'on fait sécher ; ou bien, on se sert du blanc de Rouen ou d'Espagne, préparé comme le plâtre, et que l'on trouve chez tous les épiciers. Lorsque le blanc a été infusé quelque temps, et qu'il est bien dissous, et même passé à travers un linge, on prend une brosse de poil de sanglier. Pour commencer à blanchir l'ouvrage, on donne sept ou huit couches en *tapant*, et les deux dernières en *adoucissant*, s'il y a de la sculpture. — Si l'ouvrage est tout uni, il faut au moins dix ou douze couches, car le blanc est la nourriture de l'or et c'est ce qui le maintient longtemps. — Il faut observer de ne donner de nouvelle couche que lorsque la précédente est sèche, car autrement l'ouvrage serait en danger de s'écailler ; il est même important que chaque couche soit égale, tant pour la force de la colle que pour la quantité ou épaisseur du blanc, afin d'éviter le même inconvénient. Quand on a passé le nombre de couches nécessaires, soit en tapant, soit en adoucissant, on laisse bien sécher l'ouvrage avant que d'entreprendre de l'adoucir ; lorsqu'on voit qu'il est parfaitement sec, on prend de l'eau bien claire, du gros linge tout neuf et très-serré, et de petits bâtons de bois de sapin, coupés carrément ou en pointe, selon que l'ouvrage et la sculpture le demandent. On frotte et on adoucit tout le blanc ; puis, avec une brosse de sanglier ayant déjà servi à blanchir (ce qui fait qu'elle est plus douce), on mouille l'ouvrage à mesure qu'on le frotte avec un linge qui entoure les petits bâtons, afin de rendre le tout plus uni et de faire disparaître les coups de brosse et les ondes qu'on a pu faire en ne blanchissant pas également, ou même parce que le bois n'était pas bien uni; plus l'ouvrage sera adouci, et plus il sera facile de brunir l'or qu'on y appliquera. — Il faut aussi, à mesure que l'on frotte et que l'on adoucit, se servir de la brosse douce pour mouiller et laver le blanc, afin d'ôter le limon qui se fait en adoucissant, et de retirer l'eau qui se trouve dans les creux; on doit étreindre la brosse et la laver aussi souvent qu'elle en a besoin. Lorsque le blanc est bien sec, on prend de la *prêle*, avec laquelle on frotte tout l'ouvrage pour mieux enlever les grains et les inégalités, ou bien on se sert d'un morceau de toile neuve; mais alors il ne faut pas que le blanc soit tout-à-fait sec; la prêle est cependant plus commode, pourvu que l'on n'en frotte pas trop l'ouvrage, car elle l'engraisserait et pourrait empêcher l'assiette de prendre sur le jaune. — Cela fait, on grave les filets et le fond avec un petit fer carré qui est plat; et comme il est impossible qu'ayant donné neuf ou dix couches de blanc, on n'ait bouché et rempli la sculpture, il est indispensable, pour que l'ouvrage soit propre, de prendre un *fer à retirer*, espèce de fer crochu, pour contourner tous les ornements et les déboucher. On peut aussi se servir d'un *fermoir* ou de *gouges*, ou d'un *ciseau*, et l'on donne aux ornements la même forme que le sculpteur. On contourne avec soin toutes les feuilles et on *bretelle* tous les ornements; ce qui rend encore l'ouvrage plus propre et plus délicat que le sculpteur ne l'a fait. — On se sert aussi d'un petit fermoir à nez rond, ou d'un petit fer carré; et pour couper le blanc avec plus de facilité et plus nettement, on le mouille un peu avec une brosse.

L'on peut se dispenser, si l'on veut, de tout ce travail, lorsque l'ouvrage est délicatement taillé; car, afin de ne pas boucher la sculpture, on ne donne que deux ou trois couches de blanc bien clair; mais il est vrai que comme le blanc relève l'or, le travail n'est jamais aussi beau et ne se maintient pas aussi longtemps; la sculpture paraît bien plus rude et bien moins unie que quand elle a reçu neuf ou dix couches de blanc, et qu'elle est coupée, taillée et contournée, comme nous avons dit ci-dessus.

Après que l'ouvrage a été coupé et retouché, on prend une brosse pour le frotter avec de l'eau bien claire, parce qu'il se peut qu'il ait été engraissé à force de le manier. Immédiatement après, on prend de la belle ocre jaune infusée dans de l'eau, c'est-à-dire détrempée et bien fondue dans l'eau; et après l'avoir laissée rasseoir quelque temps, on la verse par inclination, afin que les parties de l'ocre non dissoutes demeurent au fond du vase. On peut aussi broyer l'ocre et la détremper avec un peu de colle, plus faible de moitié que celle qui a servi à blanchir: on appelle cela de la *détrempe*.

Après avoir fait chauffer cette préparation, on en passe une couche sur tout l'ouvrage, principalement dans les fonds lorsqu'il y a de la sculpture, afin que cette couleur puisse suppléer à l'or qu'on ne peut pas mettre dans les creux.

Quand le jaune est sec, si c'est une bordure, on la couche toute d'*assiette*, excepté dans les creux; il faut détremper l'assiette avec la colle à détrempe dont on s'est servi pour l'ocre. — On donne la première couche un peu claire, et lorsqu'elle est sèche on en passe deux autres; mais il faut que l'assiette ait plus de corps et soit plus épaisse, et qu'elle coule à peine de la brosse, qui doit être douce pour être bonne et plus commode; et quand l'assiette est bien sèche, on prend une autre brosse plus rude, dans le genre de celles qu'on emploie pour nettoyer les peignes ; on frotte tout l'ouvrage, afin d'ôter les grains de l'assiette et d'avoir plus de facilité pour brunir l'or.

Cette *assiette* est composée de bol d'Arménie, environ gros comme une noix, broyé à part ; de *sanguine*, la grosseur d'une petite fève ; de *pierre de mine de plomb*, la grosseur d'un pois ; on doit broyer ensemble du *suif* gros comme une lentille, et ajouter ensuite de l'eau aux drogues ci-dessus désignées, les reprenant par petits morceaux à plusieurs fois pour mieux les broyer ; quand le tout est bien broyé, on le met dans un petit godet ; on verse dessus de la colle de parchemin toute chaude, que l'on passe à travers un linge, en la versant et remuant bien avec les drogues pour qu'elles soient parfaitement détrempées. Il faut que cette colle soit de la consistance d'une bonne gelée lorsqu'elle est froide. Quand on applique ces drogues (opération qu'on appelle l'*assiette*), elles doivent être maintenues chaudes en plaçant le godet sur un réchaud avec un peu de braise recouverte de cendres. Quelques doreurs ajoutent à ces drogues un peu de noir de fumée calciné ; d'autres y mettent du pain brûlé, du bistre, de l'antimoine, de l'étain de glace, du beurre, du sucre candi, chacun selon sa manière ; ces sortes de graisses facilitent le brunissage de l'or, et lui donnent plus d'éclat ; et en faisant couler la pierre plus aisément, elles empêchent qu'il ne se forme des taches de rouge ou de noir sur l'or ; quand l'assiette est bien composée, l'or est plus beau, surtout si les couches de blanc sont suffisantes.

Lorsqu'on veut dorer, il faut premièrement avoir de l'eau bien claire dans un pot, avec des pinceaux à mouiller, faits en queue de grisart ; on a aussi un coussinet fait d'un morceau de bois bien uni, sur lequel est posé un lit de crin, ou de bourre, ou de feutre, et par-dessus une peau de mouton ou de veau bien tendue, et attachée avec de petits clous. Ce coussinet est entouré des deux côtés d'un morceau de parchemin de six doigts de haut, pour empêcher que le vent ne jette à terre l'or qu'on met dessus.

Lorsqu'on veut appliquer l'or, on tient le coussinet de la main gauche ; avec les pinceaux à dorer, qui sont de différentes grosseurs, on pose sur ce même coussinet la quantité de feuilles d'or que l'on veut ; puis, en pressant une feuille avec le couteau, on l'étend sur le coussinet ; et pour en venir plus aisément à bout, on souffle doucement, ou plutôt on laisse aller son haleine en ouvrant la bouche, ce qui fait étendre la feuille. On la devise avec le couteau, ou bien, s'il y a place pour la mettre toute entière, on la prend avec une palette faite de la *queue d'un gris*, que l'on met dans un morceau de bois, large par le bout d'environ 2 centimètres, et fendu pour mieux élargir la queue du gris. Afin de prendre l'or plus facilement, il faut poser la palette contre ses lèvres et donner un peu de son haleine dessus, sans pourtant la mouiller ; ou bien, tremper le bout des doigts dans de l'huile d'olive, et les passer sur la queue du gris, qui, ainsi légèrement frottée une fois ou deux le jour, lèvera l'or plus aisément. On applique doucement la feuille d'or sur l'ouvrage déjà mouillé avec les pinceaux qui sont dans le pot plein d'eau, dont nous avons parlé, et on le pose tout d'un coup sur l'endroit fraîchement mouillé, parce que l'or ne se casse pas aussi facilement Néanmoins, comme il est difficile que cela n'arrive pas, particulièrement dans les ouvrages de sculpture, on coupe de l'or en petits morceaux, que l'on prend avec des pinceaux pour couvrir les endroits où il est cassé :

c'est ce qu'on appelle *ramender*. — Il est à remarquer qu'aussitôt que la feuille d'or est posée, il faut prendre de l'eau avec un des pinceaux à mouiller, et la faire passer par-dessus l'or le plus qu'on pourra; car si l'eau coulait sous l'or, elle y ferait autant de taches, et l'on ne peut mettre de l'or sur l'or qui est mouillé : le plus sûr est de l'ôter et d'y en remettre d'autre, mais quand on fait passer l'eau par-dessus la feuille, elle s'étend et prend fortement à l'*assiette*, et empêche que l'or ne s'écorche et ne s'emporte quand on l'époussette pour le brunir, ou quand on la matte à la colle, et enfin l'ouvrage est bien plus propre. Si l'eau ne fait que s'écouler, et si elle ne mouille pas la couche d'assiette, c'est une preuve que cette couche d'assiette est trop grasse, ou la colle trop forte; dans ce cas, il faut y passer dessus d'autre eau, dans laquelle on aura éteint une croûte de pain brûlé, dont on prendra le dessus; puis on laissera sécher cette couche avant de la mouiller de nouveau, ensuite on y appliquera l'or.

On se sert aussi, au lieu de palette de gris, d'un petit morceau d'étoffe fine pour prendre l'or et le mettre dans les endroits les plus difficiles, comme dans les filets carrés, dans les gorges et dans les autres endroits creux; on frotte l'étoffe sur le coussinet ou contre la joue pour mieux prendre l'or. Ce petit morceau d'étoffe, ainsi attaché, s'appelle *bilboquet*.

Quand l'or est bien sec, on brunit dans les parties où l'on juge être le plus à propos, pour dégager et faire ressortir le mieux possible l'ensemble de l'ouvrage. A cet effet, on se sert d'une dent de loup ou de chien, ou bien d'un caillou qu'on appelle pierre sanguine. Avant de brunir, il faut, avec la pointe de la dent ou de la pierre à brunir, enfoncer tout l'or dans le creux où l'on a oublié de l'enfoncer avec le pinceau, et ensuite l'épousseter avec un gros pinceau. Quand l'ouvrage est bruni, l'on *matte* et l'on repasse, avec un pinceau bien doux, de la colle à détrempe sur ce qui n'a pas été bruni; ou bien on met un peu de vermillon pour donner plus de feu à l'or, ce qui produit un coloris très-beau, en même temps qu'il le conserve; cela empêche d'ailleurs qu'en maniant l'ouvrage on emporte la dorure, ou, pour employer les termes de l'art, qu'on l'écorche: ce travail s'appelle *matter*, *repasser*, et donne un coloris à l'or et le conserve.

Cela étant fait, on couche du vermeil dans tous les creux des ornements de sculpture, pour donner encore plus de feu à l'or et pour imiter l'orféverie. Ce vermeil est composé de *gomme gutte*, de vermillon, d'un peu de brun rouge, pour attendrir le vermillon. On broie le tout ensemble, et on le mêle avec du vernis de Venise et un peu d'huile de térébenthine. Il y en a qui prennent de la laque fine; d'autres, du sang de dragon, qui s'emploie ordinairement à détrempe avec un peu de colle que l'on met dedans, ou bien à l'eau pure.

Comme il arrive quelquefois qu'après avoir bruni l'or on y trouve encore de petits défauts, on peut le *ramender* avec de l'or moulu que l'on met dans une petite coquille avec un peu de gomme arabique: on appelle cela boucler d'or moulu.

On peut encore, sur une bordure unie et qui n'a point de sculpture, donner vingt couches de blanc, si l'on veut, et le mettre de telle épaisseur qu'on y puisse dessiner des ornements, les couper, graver, tailler et breteller, comme si c'était de la sculpture en bois: on le fait avec les outils que nous avons nommés. Ce travail est même plus beau, plus tendre et plus net que la sculpture en bois; mais, pour bien dorer de la sorte, il faut être bon sculpteur.

Pour bien dorer une figure de relief, on opère de trois manières, car il y a des parties où l'on brunit l'or, d'autres où on le laisse mat; et, à l'égard du visage, des pieds, des mains, ou autres parties du corps découvertes, on brunit l'assiette avant de poser l'or. Quand l'or est posé sur l'assiette, on le mate et on repasse avec une simple couche de colle à détrempe, ce qui produit un bel effet, car les parties dorées de la sorte ne sont pas aussi reluisantes que si elles étaient brunies, mais le sont plus que celles qui sont simplement matées. Quand on dore quelque grand ouvrage, dont ordinairement les fonds sont blancs, il est très-difficile qu'en couchant de jaune et d'assiette cette coulour ne *baroche*, et ne se répande sur les fonds et les corps qui doivent demeurer blancs. Pour réparer ces défauts, on prend du blanc de céruse broyé avec de l'eau, et trempé ensuite dans d'autre eau où l'on aura mis détremper pendant 24 heures de la colle de poisson, coupée par petits morceaux; puis on fait bouillir un bouillon ou deux et l'on passe au travers d'un linge. — Avec ce blanc ainsi infusé et détrempé dans cette colle, on couvre ce que le jaune ou l'assiette ont gâté ou baroché, en y donnant deux ou trois couches: cela s'appelle *reschampir*, et même l'on recouvre de ce blanc de céruse tous les autres blancs du fonds, qui, par ce moyen, ne sont pas sujets à se jaunir.

Quand on veut dorer à détrempe sur le stuc, il faut le blanchir pour le rendre uni, s'il ne l'est pas; ensuite l'encoller deux fois avec de la colle bouillante, afin qu'elle pénètre mieux; mais il n'est pas nécessaire qu'elle soit très-forte, parce qu'elle *glacerait* et ne pénètrerait pas assez. Après cela, on couche de l'ocre avec de la colle à détrempe, et on donne trois couches d'assiette avec la même colle à détrempe.

On procède de même pour coucher d'argent comme

pour coucher d'or, soit que l'on veuille faire des ouvrages tout blancs, soit pour passer sur l'argent un vernis qui donne une couleur d'or à l'argent, mais qui n'a jamais l'éclat de l'or vrai et ne dure pas longtemps. Ce vernis se fait avec du carabé, du sang de dragon, de l'huile de térébenthine et de la gomme gutte.

Comme il se rencontre des ouvrages où l'on veut que les ornements d'or paraissent sur un fond de marbre ou de jaspe de diverses couleurs, afin de donner à ces fonds l'éclat et le luisant qu'ils doivent avoir, on procède de la manière suivante :

Premièrement, pour obtenir un blanc poli et qui ressemble au marbre, il faut prendre du *talc*, c'est-à-dire du plâtre ou *gypse* que l'on fait brûler. Etant en poudre, on le broie avec de l'eau de savon le plus fin que l'on peut ; puis l'ayant détrempé avec de la colle à détrempe, on en donne deux ou trois couches sur les fonds blancs qui n'ont pas été dorés ; après quoi, étant bien sec, on le brunit avec une dent de loup ou pierre à brunir.

Si l'on veut faire du noir poli imitant le marbre, on prend du noir de fumée calciné, on le broie avec un peu de pierre de mine, de l'huile d'olive et de l'eau de savon ; puis étant détrempé avec de la colle à détrempe, on en donne deux ou trois couches, et quand il est sec on le brunit. — Quand on veut qu'il y paraisse de petites veines blanches comme au marbre noir, on y fait de petites veines blanches avec un pinceau avant de le brunir.

Il y a un blanc qu'on appelle le blanc des Carmes, qui se fait avec de la chaux de Senlis de la plus blanche ; l'ayant éteinte, on la passe dans de petits tamis bien fins. On l'emploie claire comme du lait, et l'on en donne cinq ou six couches ; mais il faut laisser sécher chaque couche avant que d'en mettre une autre, et bien manier toutes les couches, c'est-à-dire les frotter avec la brosse, ce qui rend le blanc plus ferme, et même beaucoup plus luisant. Quand ce blanc est employé sur de la pierre ou du plâtre bien sec, il ne jaunit point. Si on veut le faire reluire, on le frotte avec une brosse de poil de sanglier, ou bien, quand il est sec, avec la paume de la main.

Moyen de dorer à l'huile ou couleur d'or.

On se sert de la couleur qui tombe dans les pinceliers où les peintres nettoient leurs pinceaux, et qui devient extraordinairement grasse avec le temps. On la rebroie, on la passe par un linge, et quand on veut dorer on l'applique délicatement sur l'ouvrage avec un pinceau, de la même manière que pour peindre, en faisant en sorte que la couleur soit également étendue; afin qu'il n'y ait point de durillons, de grumeaux ou de rides, et pour rendre l'ouvrage plus uni, si c'est du bois qu'on veut dorer, on l'encolle et on donne quelques couches de blanc à la colle, que l'on rend unies comme pour dorer à détrempe; ensuite on donne deux couches de couleur; et quand la dernière est presque sèche, tout en conservant un certain gras propre à aspirer l'or, on couche les feuilles dessus; ordinairement on les prend avec du coton, et on les pose sur la couleur, sans avoir recours aux palettes et bilboquets qui servent pour dorer à détrempe. — Ce procédé ne produit pas une dorure aussi belle, aussi brillante que celle qui se fait sur le blanc à détrempe; mais aussi elle peut être employée à l'air et à l'eau, où l'or ne pourrait pas résister. C'est de cette manière que l'on dore les figures de plâtre et les figures de plomb, que l'on peut exposer à toutes les injures du temps.

Il est difficile d'employer l'or en feuilles quand on travaille à découvert, principalement au haut des dômes et des clochers, parce que le vent l'emporte, et qu'il s'en perd beaucoup en le couchant. Dans ce cas, quelques doreurs prennent des feuilles d'étain battu, les couvrent couleur d'or, et ensuite couchent l'or dessus. Cela se fait à l'atelier, où l'on peut même couper les feuilles d'étain dorées sur les dimensions exactes qu'on a prises; et comme ces feuilles ont du corps et de la pesanteur, lorsqu'on dore l'ouvrage le vent ne peut les emporter, et l'on a la faculté de coucher de plus grands morceaux à la fois. On doit observer de mettre sur les feuilles d'étain un or de couleur plus fort que si l'on ne devait appliquer que des feuilles d'or.

Il est encore bon de savoir que si, par hasard, après avoir couché de couleur à l'huile quelque cadre de tableau ou tout autre ouvrage, on voulait le dorer d'or bruni, il faudrait, sur les couches déjà données à l'huile, en passer encore une autre, sur laquelle, étant toute fraîche, on répandrait de la poudre, de la cendre ou de la sciure de bois très-fine; le tout étant bien sec, on blanchirait de blanc à détrempe, ainsi qu'on l'a dit ci-dessus pour l'or bruni.

Il y a encore une manière de dorer qu'on peut dire n'être ni à détrempe ni à l'huile, parce que l'or ne se peut pas brunir comme à détrempe, aussi ne résisterait-il pas comme à l'huile. — C'est en mêlant du miel avec de l'eau de colle et un peu de vinaigre pour faire couler. On détrempe le tout ensemble; on fait une couche qui demeure grasse et glutineuse, à cause du miel qui aspire l'or et qui s'attache fortement au corps sur lequel on le met. Mais cette manière de dorer n'est bonne que pour dorer des réchauds ou des hachures sur des tableaux à détrempe et à fresque, et pour faire des filets sur du stuc; car, si on en couchait de grands fonds, l'or viendrait à se gercer et à se fendre, parce que la colle séchant, le miel se retire, les feuilles d'or se cassent, et il se forme de petites fentes ou gerçures : on appelle cette manière de dorer *colle à miel ou batture.*

Moyen d'écrire en lettres d'or ou d'argent.

On prend des feuilles de genièvre dont on retire le suc; on met de la limaille d'or ou d'argent dans ce jus l'espace de trois jours entiers ; puis on l'emploie pour écrire et l'on a une dorure charmante.

Dorure sur le verre ou la faïence.

On mouille les objets en verre ou en faïence, et on applique les feuilles d'or qu'on laisse sécher ; puis on fait dissoudre du borax dans l'eau, et l'on mouille encore avec cette dissolution l'or qui est appliqué ; enfin, on met les objets au feu jusqu'à ce que le verre en poudre se fonde, et recouvre comme d'un vernis la dorure, qui paraîtra très-belle.

Moyen de peindre en couleur d'or.

On prend une certaine quantité de rosette, appelée aussi purpurine, on la réduit d'abord en poudre très-subtile que l'on délaye peu à peu avec de l'urine, en la remuant avec un bâton ; puis on laisse reposer et on lave avec de l'eau commune jusqu'à ce que l'eau reste claire. Chaque fois qu'on lave, il faut que la matière ait reposé quelque temps. Ensuite on mêle un peu de bon safran en poudre avec de l'eau gommée; ce liquide produit une belle écriture.

Moyen de blanchir ou argenter les objets en cuivre.

On prend de la tournure d'étain de Cornouailles, et on en forme un lit dans un poêlon ; on place sur ce lit les objets à blanchir, de manière qu'ils ne se touchent point; puis on forme un nouveau lit de tournures et un autre d'objets divers. On dispose successivement divers lits jusqu'à ce que tout soit placé. Cela fait, on prend du tartre de Montpellier et de l'alun de roche, autant de l'un que de l'autre ; on pile le tout, on le mêle et on le verse dans le poëlon pour le faire bouillir jusqu'à ce que les objets soient blancs; il faut auparavant les dégraisser avec du sable ou de la lessive.

Moyen de blanchir à l'extérieur les figures en cuivre.

On prend du sel ammoniac (hydrochlorate d'ammoniaque), du sel gemme (hydrochlorate de soude natif), du sel commun, du sel alcali, des cristaux d'argent, de chacun 8 grammes, dont on fait une pâte avec de l'eau commune ; on en couvre les figures, et on les place sur des charbons ardents où on les laisse jusqu'à ce qu'ils ne fument plus.

Procédés divers pour préparer une eau qui dore le cuivre et l'airain ; secret utile aux horlogers et aux épingliers.

On prend une égale quantité de vitriol vert et de sel ammoniac, qu'on fait dissoudre dans du vinaigre distillé ; puis on évapore le vinaigre et on met à la cornue pour distiller ; on conserve le produit de la distillation, et on éteint dans cette liqueur distillée les objets de cuivre après les avoir polis avec soin. Quand on les retire, ils sont admirablement dorés.

Autre moyen. On prend du cuivre brûlé et du sel ammoniac, en égale partie ; alun de plume, 125 grammes ; on dissout le tout dans du vinaigre distillé, puis on fait évaporer le vinaigre ; enfin on distille par la cornue l'eau-forte, dans laquelle on éteint cinq ou six fois le cuivre, le mars, le fer ou l'argent, et ces métaux prennent la couleur de l'or.

Manière de nettoyer et de blanchir l'argenterie.

On prend 125 grammes de savon blanc, on le râpe dans un plat, on y ajoute un demi-litre d'eau chaude; on met dans un autre vase cinq centimes de lie de vin en pain, et un demi-litre d'eau chaude; dans un nouveau plat on met cinq centimes de cendres gravelées et demi-litre d'eau chaude; puis on prend une brosse de poil, trempée premièrement dans la liqueur de pain de lie, ensuite dans la gravelée, et enfin dans le savon. On en frotte avec soin l'argenterie, qu'on lave après dans l'eau chaude; il faut l'essuyer avec un linge bien sec.

Manière de dorer tous les objets qu'on voudra.

On découvre avec du verjus, on verse l'eau à dorer dans un godet de verre ou de grès avec du vinaigre, et l'on en prend avec un linge dont il faut mouiller l'ouvrage pour l'animer.

Moyen d'appliquer l'or.

On prend de l'or amalgamé avec une souche de cuivre rouge, et on l'applique sur l'ouvrage de la manière ordinaire; ensuite on le fait sécher en tapant avec des brosses; puis on le remet sur le feu jusqu'à ce qu'il soit jaune, et on le jette dans l'eau fraîche ou la sauce à dorer.

Vernis sur l'or et l'argent.

On prend du vert de gris broyé sur un marbre avec de l'eau claire, dans laquelle on fera tremper pendant huit heures du safran.

Moyen de dorer le papier sur tranche.

On prend du bol d'Arménie et du sel ammoniac, on broie le tout avec de l'eau de savon; on applique ladite couleur sur une première couche de glaire d'œuf, préparée de la manière suivante:

On bat des glaires d'œuf et trois fois autant d'eau, jusqu'à ce que le tout soit réduit en écume; on le laisse reposer et on s'en sert; ensuite on met l'or, qu'on laisse sécher avant de le brunir.

Moyen de faire l'or mat à l'huile.

On prend de l'ocre jaune, un peu de terre d'ambre, du blanc de plomb et de la mine; on broie le tout ensemble avec de l'huile grasse, et on s'en sert.

Moyen de blanchir l'argent sans feu.

On prend du talc (pierre) de Montmartre, que l'on calcine bien : après l'avoir réduit en poudre et l'avoir passé dans un tamis bien fin, on en frotte l'argenterie avec du drap ou tout autre étoffe.

Moyen de contrefaire l'ébène.

On fait infuser des noix de galle dans du vinaigre où auront trempé des clous ou de la ferraille rouillée, et on en frotte le bois; ensuite il faut le polir.

Autre moyen. — On prend du mûrier ou de tout autre bois propre à teindre en ébène, on le travaille comme on veut; puis on le fait tremper trois jours dans de l'eau d'alun, au soleil ou près du feu; ensuite on le fait bouillir dans de l'huile d'olive ou de navette, où l'on a mis la grosseur d'une noix de vitriol romain et autant de soufre; et lorsqu'on voit que le bois a pris une assez belle couleur noire, on le retire pour le mettre de nouveau dans de l'eau d'alun; enfin on le polit.

Moyen d'amollir l'ambre ou carabé.

Faites fondre de la cire blanche très-pure dans un vaisseau ou cucurbite de verre; lorsque la cire est fondue, mettez-y l'ambre ou le carabé que vous voudrez amollir; et quand vous le trouverez assez mou pour le mouler, vous en formerez les figures que vous voudrez; lesquelles étant mises dans un lieu sec et à l'ombre, reprendront leur dureté primitive.

Moyen de blanchir les plumes des oiseaux avant leur naissance.

On prend les œufs que la femelle couve, on les frotte de jus de grande joubarbe ou *sempervivum majus*, avec un peu de bonne huile d'olive : les oiseaux qui naîtront de ces œufs auront les plumes blanches.

Moyen d'amollir l'ivoire.

On prend 94 grammes d'esprit de nitre (acide nitrique), 470 grammes de vin blanc ou de vinaigre, ou même de l'eau de fontaine ; il faut y laisser l'ivoire jusqu'à ce qu'il devienne mou et souple : ce qui arrive sans feu, au bout de trois ou quatre jours.

Autre moyen. — On prend une grosse racine de mandragore, on la coupe par petits morceaux qu'on fait infuser, puis bouillir dans l'eau ; ensuite on y fera bouillir l'ivoire qui deviendra aussi molle que la cire.

Moyen de blanchir l'ivoire gâté.

Dans un vase rempli d'eau et proportionné au nombre de pièces qu'on veut blanchir, on fait dissoudre de l'alun de roche en quantité suffisante pour que l'eau devienne blanche ; on fait bouillir un bouillon, puis on y met tremper l'ivoire pendant une heure environ ; en sortant l'ivoire on le frotte avec de petites brosses de poil, et on le met sécher à loisir dans un linge mouillé, autrement il se fendrait.

Autre moyen. — On prend un peu de savon noir, qu'on applique sur la pièce d'ivoire ; puis on l'approche du feu, et, l'ayant un peu bouillotée, on l'essuie.

Moyen de blanchir les os.

On met de la chaux vive et une poignée de son

dans un pot neuf, avec une quantité suffisante d'eau; puis on y fait bouillir les os jusqu'à ce qu'ils soient entièrement dégraissés.

Moyen de teindre les os en noir.

On fait dissoudre 32 grammes de litharge et autant de chaux vive dans un vaisseau rempli d'eau commune; puis on y met les os, et l'on place ce vase sur le feu, en ayant soin de remuer jusqu'à ce que l'eau commence à bouillir; enfin on l'ôte du feu, et on l'agite encore pendant qu'elle se refroidit. Les os seront teints en noir.

Moyen d'amollir les os.

On prend du vitriol romain et du sel commun, en parties égales; on en distille l'esprit par l'alambic, ou plutôt par la cornue, et dans l'eau qui en est distillée on peut mettre les os, qui deviendront aussi mous que la cire.

Moyen de colorer les os et l'ivoire en beau rouge.

On fait bouillir de la bourre d'écarlate dans de l'eau claire avec de la cendre gravelée, pour en tirer la teinture; puis avec un peu d'alun de roche on la clarifie; ensuite on passe cette teinture à travers un linge. Pour teindre l'ivoire et les os, on les frotte d'abord avec de l'eau-forte, et immédiatement après avec cette teinture.

Moyen de blanchir l'albâtre et le marbre blanc.

On prend de la pierre-ponce en poudre subtile, infusée dans du verjus pendant douze heures; puis on mouille, avec un linge ou une éponge, l'albâtre ou le marbre, qui blanchiront parfaitement.

Encre sans noix de galle, très-bonne pour lever les plans et pour dessiner à la plume ou au tire-ligne.

On bat ensemble, longtemps et avec un bâton

plat, un jaune d'œuf et 250 grammes de miel; puis on saupoudre le tout de 12 grammes de gomme arabique en poudre très-fine; et pendant trois jours on remue ce mélange de temps en temps avec un bâton de bois de noyer. On y mêle ensuite du bon noir de fumée jusqu'à ce que la matière forme une pâte qu'on fait sécher à l'air, si l'on veut que l'encre soit portative en forme sèche. — Pour s'en servir, on la détrempe avec de l'eau ou avec une lessive de cendres de sarment, de noyer ou de chêne, ou même de noyaux de pêches.

Encre rouge.

Faites fondre 16 grammes de gomme arabique dans 95 grammes d'eau rose; détrempez du cinabre, du vermillon, du minium ou autre couleur.

Encre couleur d'or sans or.

On prend 2 grammes de safran, 4 grammes d'orpiment beau et luisant, un fiel de chèvre, ou cinq à six brochets; on met le tout dans une bouteille de verre pendant quinze jours dans du fumier de cheval, et ensuite on y ajoute un demi-litre d'eau gommée, et on le remet la bouteille pendant le même temps dans le fumier.

Ecriture qui n'est lisible qu'en opposant le papier au soleil ou à la chandelle.

On prend de la céruse ou autre couleur blanche, et on la détrempe d'eau gommée avec de la gomme adragant, et l'on écrit avec ce liquide. L'écriture ne sera visible qu'en opposant le papier à la lumière, parce que les lettres paraîtront moins pénétrées de lumière que le restant du papier.

Moyen de renouveler une écriture ancienne, fût-elle presque entièrement effacée.

Faites bouillir des noix de galle dans du vin, et

passez sur l'écriture une éponge trempée dans cette liqueur. Il est plus avantageux de faire seulement infuser la noix de galle vingt-quatre heures, et de mettre le tout dans une cornue pour en distiller la liqueur.

Moyen de faire de l'encre sur-le-champ.

On prend du vitriol et de la gomme arabique, 31 grammes de chaque; des noix de galle concassées, 45 grammes; on met le tout dans 500 grammes de vin blanc ou de vinaigre, et une heure après on peut s'en servir.

Autre moyen. — On prend 15 grammes de noix de galle, autant de gomme arabique et 32 grammes de vitriol romain; on met le tout dans 250 grammes environ d'excellent vin blanc, et on le fait chauffer modérément près du feu; l'encre sera faite dans le moment.

Moyen d'empêcher que l'encre ne gèle pendant l'hiver.

Au lieu d'eau on se sert d'eau-de-vie, et l'on emploie les mêmes ingrédiens que pour l'encre ordinaire; ou bien, on ajoute de l'eau-de-vie à l'encre déjà faite.

Procédé pour faire le vin muscat.

On met infuser dans un tonneau, lorsque le vin nouvellement cuvé bout encore, un sachet de fleurs et semences d'orval ou toute-bonne, ou bien un sachet de fleurs de sureau, et l'on retire ce sachet au bout de douze ou quinze jours.

Il faut entonner le vin sur le pied, et mettre au fond 250 grammes de sinapi (moutarde) pulvérisé, ou 500 grammes si le tonneau est double de l'ordinaire.

Procédé pour rendre rouge le vin blanc, et blanc le vin rouge.

Pour faire devenir rouge le vin blanc, il faut mettre dans le tonneau un sachet de cendres de vigne noire ; et pour rendre blanc le vin rouge, il faut un sachet de cendres de vigne blanche. — On retire le sachet au bout de quarante jours, puis on remue le vin ; et lorsqu'on lui a donné le temps de se reposer, le changement de couleur est produit.

Procédé pour empêcher le vin de se fustrer ou de rancir, et pour lui donner un goût et une odeur agréables.

On prend un citron, on le pique de clous de girofle ; on le suspend dans un sachet par le bondon au-dessus du vin, on le laisse trois ou quatre jours, et l'on bouche le tonneau crainte d'éventer le vin.

Procédé pour faire que la vigne rende un vin doux.

Trente jours avant de cueillir le raisin, on force en tournant les branches chargées de grappes, et on enlève toutes les feuilles, afin que le soleil, donnant sur le raisin, le cuise mieux et en dissipe l'humidité superflue ; par ce moyen on rendra le vin doux.

Procédé pour obtenir un vin doux très-agréable et bon pour la santé.

On expose au soleil pendant trois jours les grappes cueillies, et le quatrième jour, à midi, on les met sur le pressoir; après avoir ôté la première goutte avant qu'on ait pressé, et dès que le vin a bouilli, on met sur cinquante pintes 31 grammes de poudre subtile d'iris de Florence; quelques jours après on enlève la lie et on tire le vin au clair.

Procédé pour clarifier en deux jours le vin nouveau qui est trouble.

On prend des copeaux menus de bois de hêtre, et

on les met dans un sachet suspendu dans le tonneau; deux jours après on le retire. Si on veut rendre blanc le vin rouge, on y réussit en mettant dans le tonneau une peinte de petit lait bien clair.

Moyen de noircir le vin.

On met dans la cuve, quand le vin bout, deux pots d'étain, et le vin devient noir.

Moyen d'ôter la mauvaise odeur du vin.

Pendant huit jours au moins on met dans le tonneau un sachet renfermant une bonne poignée d'ache de jardin. Quand on le retire, la mauvaise odeur n'existe plus.

Moyen d'empêcher le vin de se gâter et de se troubler.

On met dans le tonneau une dixième partie d'eau-de-vie, ou 15 grammes d'huile de soufre.

Moyen d'empêcher que le tonnerre et les éclairs ne gâtent le vin.

Il faut mettre sur le bondon un nouet de limaille de fer, avec une poignée de sel.

Moyen d'empêcher que le vin ne se corrompe.

On met infuser dans le tonneau un nouet rempli de grosses racines de gentiane.

Moyen de rétablir le vin aigri ou acide.

Mettez dans le vin un nouet de graines de porreau, ou des feuilles et des vrilles de vigne.

Moyen d'empêcher le vin de s'aigrir et de se changer en vinaigre.

Il faut suspendre au milieu du tonneau, dans une toile de lin, un morceau de lard pesant environ 750 grammes, et remettre la bonde, ou bien jeter dans le vin un nouet de cendres de vigne-vierge.

Moyen de faire que le vin nouveau paraisse vieux.

On prend 31 grammes de mélilot; de réglisse et de nard celtique, de chacun 91 grammes; d'aloès hépatique, 62 grammes; il faut mêler et broyer le tout ensemble, puis le mettre dans un nouet, qu'on suspend dans le vin.

Moyen de conserver le vin.

On extrait le sel des cendres du meilleur sarmant de vigne, et on en met 93 grammes par chaque muid lorsqu'on bondonne les tonneaux à la Saint-Martin.

Moyen de connaître s'il y a de l'eau dans le vin.

Mettez dans le tonneau une poire ou une pomme sauvage; si ce fruit surnage, c'est une preuve qu'il n'y a pas d'eau; s'il y en a, il ira au fond.

Moyen de séparer l'eau du vin.

On met dans le tonneau une mêche de coton ou de lin, qui trempe par un bout dans le vin et qui sorte du tonneau par l'autre bout; l'eau s'écoulera par ce filtre. On peut aussi mettre de ce vin dans une tasse faite de bois de lierre, l'eau transsudera au travers de la tasse, et le vin y restera.

Moyen d'empêcher l'haleine de sentir le vin ou autres liqueurs.

Mettez une racine d'iris troglotide dans la bouche, et l'haleine n'aura point l'odeur du vin ou autres liqueurs.

Moyen de conserver le vin et de le rendre bon jusqu'à la dernière goutte.

On prend un demi-litre du meilleur esprit-de-vin, on y met gros comme les deux poings de la seconde écorce de sureau, laquelle est verte; après qu'elle aura infusé trois jours dans l'esprit-de-vin, il faut passer la liqueur par un linge et la verser dans un muid de vin; ce vin peut se conserver plus de dix ans.

Bon vinaigre de vin fait en peu de temps.

Il faut jeter du bois de taxus ou if dans du vin, qui sera bientôt converti en vinaigre.

Autre moyen. — On prend du tartre, du gingembre, du poivre long, de chacun égale partie; on met le tout pendant huit jours dans de fort vinaigre; puis on l'ôte et on le laisse sécher. Quand on veut faire du vinaigre, on met un sachet rempli de ces drogues dans du vin, qui sera bientôt changé en bon vinaigre.

Vinaigre fait avec de l'eau.

Mettez 15 ou 20 kilog. de poires sauvages dans un grand vaisseau; trois jours après vous les arrosez d'un peu d'eau; et en ajoutant ainsi pendant un mois un peu d'eau tous les jours, vous obtiendrez un bon vinaigre.

Moyen de faire un vinaigre sec.

On prend 250 grammes de tartre blanc, qu'on lave bien avec de l'eau chaude et qu'on fait sécher ensuite avant de le réduire en poudre très-fine. On imbibe cette poudre de bon vinaigre, on la fait sécher au feu ou au soleil, puis on y met du nouveau vinaigre, et l'on dessèche encore une dixaine de fois; par ce moyen on obtiendra une poudre qui aigrit l'eau et la change en vinaigre. On peut porter cette poudre dans la poche, pour s'en servir au besoin.

Moyen de faire d'aussi bon vin que celui d'Espagne.

Il faut prendre six pintes de vin blanc, 500 grammes de miel de Narbonne et autant de raisin d'Espagne, de coriandre concassée, de sucre ou de cassonnade. On met le tout dans un chaudron qu'on laisse sur un petit eu pendant trois heures, en ayant soin de couvrir le chaudron ; puis on passe la liqueur par la chausse d'hypocras avant de la mettre dans des bouteilles qu'on bouche avec soin ; on ne doit en boire que huit ou dix jours après.

Eau de rose muscat.

Mettez deux poignées de feuilles de roses muscat dans une pinte d'eau avec 125 grammes de sucre, et versez le tout d'un vaisseau dans un autre, jusqu'à ce que l'eau ait pris le goût des roses.

Limonade qui coûte peu.

On râpe de l'écorce de citron à discrétion dans un litre d'eau, où il faut faire dissoudre 500 grammes de sucre ; puis on y ajoute quelques gouttes d'huile de soufre et des tranches de citron.

Orgeat.

On prend 32 grammes de graines de melon bien monté, qu'on met dans un litre d'eau ; on y ajoute, si l'on veut, trois amandes amères pilées et autant de douces ; quand le tout est pilé dans un mortier et réduit en pâte, on l'arrose de quelques gouttes d'eau pour éviter qu'elle devienne huileuse. Puis on y mêle environ 125 grammes de sucre, et l'on délaye ensuite cette pâte dans un litre d'eau avant de la passer par un linge blanc, ou, mieux encore, par l'étamine, qui est préférable parce que le linge donne quelquefois un mauvais goût. On presse bien le marc, et on ajoute à cette liqueur sept ou huit gouttes d'essence de fleurs d'oranger, et, si l'on veut, un litre de lait de vache ; on met le tout rafraîchir, et on remue la bouteille quand on veut donner à boire.

L'eau de pistaches, de pignons et de noisettes se

fait de même, excepté qu'on n'y met point de lait ni d'amandes.

Bon hydromel.

On prend du miel et de l'eau en égales parties ; on fait bouillir et l'on écume jusqu'à ce que le tout soit assez cuit ; on le connaît en mettant dans le vase un œuf qui doit surnager ; puis on verse la liqueur dans un tonneau imbibé d'esprit-de-vin ou de bonne eau-de-vie, avec deux et trois grains d'ambre gris. On bouche bien le tonneau et on l'expose au soleil pendant la grande chaleur ; lorsque la fermentation commeuce, on débouche le tonneau pour en laisser sortir l'écume qui se forme, comme dans le vin nouveau. On observe pendant tout ce temps de ne pas remuer le tonneau et de le boucher lorsque le premier feu est passé ; cet hydromel se conserve. — On peut obtenir le même résultat en mettant cette liqueur sur le four d'un boulanger.

Ratafia blanc, autrement dit eau-de-noyau.

Pendant deux jours faites infuser 375 grammes de noyaux de cérises bien pilés, ou 250 grammes d'amandes d'abricots pilées, dans une cruche de douze litres d'eau-de-vie ; ajoutez-y quatre grammes de canelle, une douzaine de clous de girofle, deux pincées de coriandre, environ deux kilog. de sucre et quatre litres d'eau bouillie et refroidie ; on ne doit la mettre que lorsqu'on passe l'infusion par la chausse d'hypocras. Ensuite on met la liqueur dans des bouteilles qu'on a soin de bien boucher.

Eau de fleurs d'oranger.

Mettez une poignée de fleurs d'oranger, un litre d'eau et 125 grammes de sucre dans un vaisseau ; puis versez-le dans un autre, et continuez ainsi à transvaser ce liquide jusqu'au moment où il aura pris le goût que l'on souhaite.

Eau de violettes.

On fait infuser à froid, et dans de l'eau-de-vie, des fleurs de violettes, que l'on retire quand elles ont perdu leur couleur ; on en remet d'autres jusqu'à ce qu'on soit content de la couleur de l'eau-de-vie. On presse les violettes doucement en les sortant ; puis on ajoute du sucre à discrétion dans l'eau-de-vie, et, si l'on veut, un peu de fleurs d'oranger pour en augmenter l'odeur.

Essence pour restaurer et soutenir les forces des vieillards.

On prend un chapon ou un poulet, ou tout autre volaille, dont on ôte les entrailles, et qu'on remplit de sucre en poudre, mêlé avec 125 grammes de raisins de Damas, dont on a enlevé les pepins ; puis on recoud le ventre du chapon et on le met dans un pot de terre hermétiquement bouché avec son couvercle. On place ce pot dans un four pendant le temps nécessaire pour cuire du gros pain. Quand on retire la volaille du four, on en garde le jus, dont on prend deux bonnes cuillerées le matin à jeûn, et autant le soir, trois ou quatre heures après le souper. Ce jus restaure merveilleusement ; non-seulement il soutient les forces des vieillards, mais encore il répare celles des convalescents. — Son efficacité a été très-souvent éprouvée.

Moyen de colorer toutes sortes de liqueurs.

Prenez du bois de santal rouge, réduit en poudre grossière ; mettez-le dans une bouteille avec de l'esprit-de-vin à discrétion. Dans cinq ou six heures cette teinture sera très-foncée, et vous pourrez l'employer pour donner de la couleur aux liqueurs que vous ferez.

Moyen de faire le chocolat.

On fait fondre du sucre dit royal, mis en poudre, dans une bassine avec un peu d'eau de fleurs d'oranger; quand le sucre est en sirop, on y mêle du cacao, de la vanille, de l'achiote, de la canelle, du poivre de Mexique et des clous de girofle en poudre subtile. On donne à la composition une bonne cuisson, et on la verse sur une table polie, pour remuer la pâte et la couper dans la forme que l'on veut. On prépare la boisson au chocolat avec de l'eau ou du lait, comme on fait pour le café, et on la fait mousser avec un moulinet de bois qu'on roule entre les mains pour agiter la liqueur dans la cafetière.

Confiture de framboises.

On prend deux kilogrammes de framboises bien épluchées, et le moins écrasées qu'on pourra; puis on fait cuire à la grosse plume 2 kilog. de sucre. On retire la poële du feu, et on y met les framboises tout doucement pour ne pas les écraser; lorsque le sucre les a saisies, elles ne se brisent pas aussi facilement : on les remue un peu, et dès qu'elles ont jeté leur suc, on achève promptement de les cuire, jusqu'à ce que le sirop soit fait.

Raisinet.

On choisit une certaine quantité de raisins noirs, bien mûrs et des meilleurs; on les égraine et l'on jette les grappes, puis on presse les grains entre les mains, et on les met dans un chaudron ou une poële de cuivre avec leur jus. On les fait bouillir à un feu clair, en remuant avec une spatule de bois afin que le raisin ne se brûle pas au fond; lorsqu'il aura diminué d'un tiers, on le pressera dans un linge clair pour extraire le reste du jus, qu'on mettra également dans le chaudron pour le faire bouillir et l'écumer, en remuant avec une spatule, surtout vers la fin et lorsqu'il commence à s'épaissir. — Pour connaitre s'il est cuit, on en prend sur une assiette; il est cuit à point lorsqu'en se refroidissant il devient ferme. Alors on l'ôte du feu, et, étant froid, on le met dans des pots de grès.

Bonne gelée de groseilles.

On prend deux kilog. de groseilles bien épluchées, puis on fait fondre avec de l'eau deux kilog. de sucre en pain, qu'on fait cuire à la plume forte. Alors on y met les groseilles et on les fait bouillir vivement de manière que le jus les couvre. Après sept ou huit bouillons, il faut les ôter du feu et les jeter sur un tamis, en les pressant doucement avec l'écumoire, pour qu'il n'y reste que le moins de jus possible. On remet ce jus dans la poële et sur le feu, on l'éprouve sur une assiette et lorsque la goutte se mettra en gelée, alors on la dressera. — Ceux qui veulent ménager le sucre, et avoir grande quantité de gelée à moins de frais, peuvent mettre pour deux kilogrammes de sucre, trois kilogrammes de groseilles bien épluchées, et opèrer comme ci-dessus; mais il faut cuire un peu plus, et l'on obtient encore une belle gelée de groseilles. On peut en mettre l'épaisseur d'un écu sur les confitures rouges liquides; pour les conserver, les tenir fraîches, et empêcher qu'elles ne se moisissent ni se candissent.

Gelée de pommes.

On coupe par petits morceaux une douzaine de pommes de reinette qu'on met dans une poële à confitures; puis on y ajoute trois ou quatre litres d'eau qu'on fera bouillir jusqu'à réduction de la moitié. On verse le tout dans un linge serré pour passer le jus, et on presse les pommes afin d'en tirer le suc.

On y met 2 kilogr. de sucre qu'on fait cuire en gelée. Pour donner du goût à cette gelée, on y ajoute un jus de citron, et, si l'on veut, la rapure d'une moitié d'écorce de citron. On peut, avec cette gelée, couvrir les confitures liquides blanches pour les conserver, comme on a dit de la gelée de groseilles pour les rouges.

Amandes à la praline.

On fait cuire à la plume 625 grammes de sucre, puis on y jette 1 kilogr. d'amandes bien triées, et l'on remue avec une spatule pour empêcher qu'elles ne s'attachent au fond de la poêle. Quand les amandes ont pris tout le sucre, on les place sur un petit feu pour faire fondre lentement les grains du sucre jusqu'à ce qu'il n'en reste point, et que tout se soit attaché aux amandes ; on évite avec soin qu'elles ne se mettent en huile. Il faut les ôter lorsqu'elles commenceront à éclater, parce qu'elles seront faites ; on les laisse dans la poêle, et on les couvrira pour les faire essuyer ; puis on les met dans des boîtes quand elles seront refroidies. — On praline de même les avelines.

Petits pains de citron.

On bat un ou deux blancs d'œuf avec un peu d'eau de fleurs d'oranger ; puis on y ajoute du sucre en poudre jusqu'à ce que la pâte soit ferme ; on y mêle de la rapure de citron. Lorsque la pâte est faite on la roule en petites boules, grosses à peu-près comme le bout du pouce ; on les dresse sur du papier, et on les aplatit un peu, puis on met ces petits pains dans le four jusqu'à ce qu'ils soient cuits.

Biscuits de Gênes.

On prend 125 grammes de sucre, 500 grammes de farine, un peu de coriandre et d'anis en poudre ;

on mêle le tout avec quatre œufs et autant d'eau tiède qu'il est besoin pour en former une pâte qu'on fait cuire au four ; puis on la coupe en cinq ou six tranches, et on la met de nouveau au four.

Macarons.

On pile bien 500 grammes d'amandes douces en les arrosant d'eau rose ; on y met 500 grammes de sucre, et l'on bat le tout ; avec cette pâte un peu molle on fait un rond autour d'un plat ou du bassin qu'on met dans un four tiède pour cuire la pâte à un feu lent. Lorsqu'elle est à demi-cuite on la retire du four, et on la coupe par morceaux qu'on fait cuire au four sur du papier blanc.

Gâteaux excellents.

On prend deux blancs d'œuf frais, qu'il faut battre longtemps, après avoir ôté les germes; on ajoute 125 gr. de fine fleur de farine, et autant de sucre en poudre; on bat encore le tout, en y versant plusieurs gouttes d'eau-de-vie, avec un peu de coriandre en poudre; puis on étend cette pâte sur du papier de la largeur d'une assiette, on la soupoudre de sucre et on la fait cuire au four.

Autre moyen. — Il faut battre et broyer dans un mortier de marbre une douzaine de blancs d'œufs avec leurs coques bien lavées ; quand les coques sont dissoutes, on ajoute le sucre et la farine, mais moins de farine que de sucre. Il faut que la pâte soit tenue un peu dure pour l'étendre sur du papier en forme de galette et la faire cuire au four lentement.

Crême sans feu.

On remplit un plat avec le dessus et la crême du lait ; on y met quatre cuillerées de sucre rapé et la grosseur de la tête d'une épingle d'une bonne présure qu'on y fait dissoudre ; puis on remue le lait un peu pour qu'il se prenne partout également.

Quand on veut servir cette crême, on rape du sucre dessus, et on y verse dix ou douze gouttes d'eau de fleurs d'oranger. Si la présure est bonne, la crême sera prise en une heure.

Crême fouettée.

Suivant la quantité que l'on veut faire, on prend du bon lait ou de la bonne crême douce; on y ajoute une ou deux cuillerées d'eau de fleurs d'oranger, et un bon quarteron de sucre en poudre bien fine; puis il faut la fouetter au bord de la terrine avec des verges de bouleau ou d'osier. On ôte la mousse à mesure qu'elle monte pour la mettre sur des plats ou des assiettes et la servir.

Tabac d'odeur à la façon de Rome.

On met du tabac parfumé aux fleurs dans un mortier ou autre vaisseau convenable, dans lequel on verse du vin blanc; si l'on veut, on y ajoute des essences d'ambre, de musc ou autres qu'on voudra; puis il faut remuer le tabac, et le frotter entre les mains.

Tabac à odeur de Civette.

On prend un peu de civette dans la main avec un peu de tabac; il faut étendre de plus en plus cette civette en la brisant dans la main avec de nouveau tabac; et l'ayant ainsi mêlé et remêlé en le maniant, on remplit sa boîte.

Moyen d'enlever les taches de fer sur le linge.

On fait bouillir de l'eau dans un vaisseau; on expose les taches à la fumée de cette eau, puis on met dessus du jus d'oseille avec du sel; lorsque le linge en est bien pénétré, on le donne à la lessive.

Moyen d'enlever les taches d'urine.

Lavez les taches avec de l'urine que vous aurez fait bouillir, et puis lavez-les de nouveau avec de l'eau bien claire.

Moyen d'enlever les taches sur le drap, quelle que soit sa couleur.

On prend 250 grammes de miel cru, un jaune d'œuf frais, et le gros d'une noix de sel ammoniac; il faut bien mêler le tout, et en mettre sur les taches des étoffes, même de soie. Peu de temps après on lave à l'eau fraîche, et la tâche ne paraît plus.

Autre moyen. — L'eau imprégnée de sel de soude, de savon noir et de fiel de bœuf, enlève fort bien les taches de graisse sur les draps et autres étoffes.

Savonnettes pour enlever les taches.

On prend du savon à fouler, ou savon mou, qu'on mêle avec des cendres de vigne passées au tamis de soie, et avec de la craie, de l'alun et du tartre, le tout bien pulvérisé et parfaitement amalgamé dans un mortier de fonte; puis on en fait des savonnettes que l'on sèche à l'ombre. Pour enlever les taches on les frotte avec ces savonnettes et ensuite on les lave à l'eau claire.

Moyen d'enlever les taches d'encre sur le drap et le linge.

Il faut sans retard mouiller la partie tachée avec du jus de citron, du suc d'oseille, ou du vinaigre mêlé de savon blanc.

Moyen d'enlever les taches d'huile sur le satin et autres étoffes, et même sur le papier.

Si la tache n'est pas vieille, on prend de la cendre de pieds de mouton calcinés, et, lorsqu'elle est encore chaude, on en met sur la tache et sous la tache; puis on charge l'étoffe de quelque chose de pesant:

on la laissera ainsi pendant toute la nuit; si la tache n'est pas bien emportée, on recommence la même opération.

Moyen de rendre aux passements d'or et d'argent leur première beauté.

On prend un fiel de bœuf et un fiel de brochet; on les mêle avec de l'eau bien claire, et l'on en frotte l'or ou l'argent.

Moyen d'enlever les taches de cire sur le velours de toutes couleurs, excepté le cramoisi.

On prend un pain haut de mie, de bonne pâte et dur; on le coupe par la moitié et on le fait rôtir sur le gril; quand il est très-chaud on le débarrasse des cendres ou des charbons; puis on en applique un morceau tout chaud sur la tache. Aussitôt qu'il a produit son effet, on le remplace par un autre; on continue ainsi jusqu'à ce que toute la cire soit enlevée.

Moyen d'enlever les taches sur une étoffe de soie blanche ou sur le velours cramoisi.

Il faut imbiber la tache d'eau-de-vie de trois cuites (de 30 degrés), ou de bon esprit-de-vin; puis on l'enduit d'un blanc d'œuf frais, on la fait sécher au soleil, et on la lave promptement à l'eau fraîche, en pressant entre les doigts l'endroit taché. Si la tache ne disparaît pas à la première fois, on y revient une seconde, et l'on réussira infailliblement.

Procédé pour blanchir la cire.

On fait fondre la cire dans un poëlon sans la laisser bouillir; ensuite on trempe un pilon de bois jusqu'à la hauteur de deux doigts, et l'on plonge aussitôt ce pilon dans l'eau fraîche pour en détacher la cire; puis on l'expose sur l'herbe à la rosée jusqu'à ce qu'elle devienne blanche. Quand on la fond de nouveau, on a soin de la passer à travers un linge pour le débarrasser de tout corps étranger.

Chandelles de suif imitant la cire.

On jette de la chaux vive en poudre très-fine dans du suif fondu ; la chaux tombant au fond, purifie le suif qui devient aussi beau que la cire. Pour mieux réussir, on ne prend qu'une partie de ce suif sur trois de cire, et l'on obtient de très-belles bougies. On peut employer cette cire à quelque ouvrage que ce soit, et l'on ne s'apercevra pas qu'il y ait du suif.

Feu qui ne s'éteint pas dans l'eau.

On prend cinq parties de poudre à canon, trois de salpêtre, deux de soufre, une de camphre, une de résine et une de térébenthine ; on mêle le tout et on l'imbibe de l'huile rectifiée de sapin résineux. Il faut emplir des boules de cette matière, les allumer et les jeter dans l'eau; à plus de 10 mètres elles ne s'éteindront pas; elles brûleront même quoique entièrement recouvertes de terre.

Procédé qui permet de plonger les mains dans le plomb fondu sans se brûler.

Prenez 62 grammes de bol d'Arménie, 31 grammes de vif-argent, 16 grammes de camphre et 62 grammes d'eau-de-vie ; mêlez le tout dans un mortier de cuivre; ensuite vous vous frotterez les mains avec cette composition, et vous les tremperez dans le plomb fondu sans qu'elles soient brûlées.

Moyen d'empêcher que l'huile ne fume.

Il faut distiller des oignons, et mettre un peu de cette eau distillée au fond de la lampe avant d'y verser l'huile. On est certain qu'elle ne fumera pas.

Autre moyen. — On prend du beurre fabriqué dans

le mois de mai; on le fait fondre sur le feu; on y jette du sel commun desséché. Le sel tombera au fond, et se chargera de toutes les parties d'eau et de terre qu'il rencontrera dans le beurre, de telle sorte que ce beurre restera liquide comme de l'huile très-claire et très-belle; on pourra le brûler et il ne produira pas la moindre fumée.

Mèche incombustible.

Prenez un morceau d'alun de plume, de la grosseur que vous voudrez, et percez-le dans sa longueur de plusieurs trous avec une grosse aiguille; mettez ensuite cette mèche dans votre lampe: l'huile montera par ces trous, et vous l'allumerez.

Manière de prendre un grand nombre d'oiseaux.

On trempe le grain qui sert de nourriture aux oiseaux, dans de la bonne eau-de-vie avec un peu d'ellébore blanc; les oiseaux qui mangeront de ces graines seront subitement étourdis, et on pourra les prendre à la main.

Autre moyen. — On mêle de la noix vomique dans la pâture des oiseaux; aussitôt qu'ils en mangeront ils tomberont en défaillance, et il sera facile de les prendre.

Moyen de conserver et de multiplier les pigeons.

Si l'on a un grand colombier où l'on élève grand nombre de pigeons, on leur prépare la nourriture de la manière suivante pour empêcher qu'aucun ne déserte et, au contraire, pour en attirer d'autres.

On prend 15 kilog. de millet, un kilog. et demi de cumin, 2 kilog. et demi de miel, 250 grammes de poivrette (nielle des champs), 1 kilog. de semence d'agnus castus; on fait cuire le tout dans de l'eau de rivière jusqu'à ce qu'elle soit toute évaporée; puis on verse en place trois ou quatre litres de bon vin et environ

3 ou 4 kilog. de vieux ciment bien pulvérisé; on fait cuire encore, l'espace de demi-heure, à petit feu, et l'on forme une masse de toutes ces drogues qui durciront; on placera ladite masse dans le milieu du colombier et on sera en peu de temps dédommagé de la dépense qu'on aura avancée.

Autre moyen. — On ne peut trouver rien de meilleur pour engraisser les pigeons que la pâte de fèves fricassée avec du cumin et du miel.

Moyen de faire le savon.

On fait ordinairement trois sortes de savons, du blanc, du noir et du marbré. Le savon blanc ou de Gênes se fait avec la cendre, la soude d'Alicante, la chaux et l'huile d'olive. Le noir est composé des mêmes matières; mais on n'emploie que la crasse, la lie ou le tartre des huiles. Le marbré est fait de soude d'Alicante, de poudre et de chaux; et lorsqu'il est presque cuit, on prend de la terre rouge qu'on appelle cinabre, avec une couperose qu'on fait bouillir ensemble, après quoi on les jette dans les chaudières où est le savon: cela produit une marbrure bleue, tant que la couperose tient le dessus, mais lorsque le cinabre a absorbé le vitriol, cette couleur bleue se change en rouge.

Pour former le savon on fait donc des lessives de ces sortes de matières, et quand les lessives sont suffisamment chargées, ce que les apprentis connaissent lorsqu'un œuf peut y surnager, les experts en jugent par le goût et le temps employé; pour lors ils jettent ces lessives dans des chaudières proportionnées à leurs matières, et ils versent en même temps des huiles d'olive, ou de la graisse, ou des huiles de poisson. Puis, on fait cuire le tout à grand feu. En dix-huit ou vingt jours les huiles se trouvent chargées de tous les sels de la lessive. Il y a des robinets au fond des chaudières par lesquels on évacue l'eau qui reste, et on tire ensuite le savon pour le placer sous des halles afin qu'il prenne la consistance nécessaire.

Moyen de marbrer le bois.

On passe sept ou huit couches de blanc, puis on broie du noir qui ne soit pas trop collé avec un peu de jaune d'œuf et de safran, ensuite on brunit parfaitement. Par ce moyen on imite toutes sortes de marbres quand on a un peu l'usage des couleurs; on opère de même pour les lambris, plafonds, ovales, etc. en mettant un jaune d'œuf et un peu de safran dans les couleurs qui peuvent le supporter. Pour imiter le marbre de diverses couleurs, on doit coucher les couleurs claires en forme de lavis; on peut même sur un panneau blanchi comme nous avons dit, verser au même endroit une pleine coquille de couleur, puis en inclinant le plafond on fait couler les couleurs pour former des veines; on répète la même opération avec des coquilles de différentes couleurs, jusqu'à ce qu'on les ait toutes épuisées. On peut aussi avec une brosse grosse coucher les couleurs fort claires les unes près des autres. Le résultat dépend de l'intelligence de celui qui opère. Dès que les couleurs sont sèches, on peut employer le pinceau pour réparer les défauts, et puis brunir l'ouvrage.

Moyen de bronzer avec du cuivre.

On prend de la limaille d'épingle qu'on a l'habitude de mettre sur l'écriture; on la broie, puis on la lave jusqu'à ce que l'eau reste claire et on la colore; enfin, on l'applique avec un pinceau, soit sur le blanc soit sur l'assiette; ensuite on doit brunir.

Le même résultat s'obtient avec de l'antimoine.

Moyen d'argenter avec l'étain de glace.

L'étain de glace doit être broyé sur le marbre et lavé plusieurs fois jusqu'à ce que l'eau reste claire ; puis on le colle avec de la colle de rognures de gants ou de parchemin. Il ne faut que le coucher simplement sur le blanc, sans y mettre d'assiette. Quand ces ouvrages sont polis, ils ressemblent à de l'argent pur. — On a soin de laver l'étain et de le coller assez fortement ; pour le coucher, il ne doit être ni trop clair ni trop épais.

Il est bon, avant de coucher l'étain, de brunir le blanc d'abord, puis l'étain, et de placer une feuille de papier sur laquelle on brunira de nouveau l'étain.

Si l'on a fait quelque tache sur le champ, on la ratisse avec un couteau, puis on brunit le champ ainsi que les feuillages.

Pour représenter l'ivoire, on mêle un peu d'ocre jaune broyé avec le blanc.

Autre moyen. — On prend de l'argent en écume, que les laveurs ont séparé de l'or, en lavant les rognures des orfèvres ; on broie cet argent, on le gomme un peu, puis on couche l'objet et on le brunit comme il a été dit ; l'on a ainsi un objet de ronde-bosse bien argenté, étant couché sur le blanc et assis, ce qui imite l'argent massif.

Huile essentielle de roses et autres fleurs.

On prend 15 kilog. de feuilles de roses, qu'on pile avec 1 kilog. et demi de sel commun décrépité ; puis on les met dans un pot bien luté en un lieu frais. Au bout de quinze ou dix-huit jours on retire cette matière, on l'humecte bien d'eau commune, jusqu'à ce qu'elle soit réduite en bouillie. Alors il faut la mettre dans un alambic avec son réfrigérant. L'eau monte d'abord par un feu assez fort, et ensuite il s'élève une huile qui se congèle au fond et se liquéfie à la chaleur. — Une ou deux gouttes de cette huile donne cent fois plus d'odeur que l'eau distillée des mêmes fleurs.

Huile de sucre sans feu pour les poitrinaires.

On creuse un citron le plus adroitement possible, pour le remplir de sucre candi en poudre; on le suspend à la cave au-dessus d'une écuelle, et il en coule une huile excellente pour les poitrinaires et pour ceux qui ont peine à respirer. — Cette huile est aussi merveilleuse dans les liqueurs.

Véritable eau de noyau.

On pile un 1/2 kilog. d'amandes d'abricots, sans pourtant les réduire en huile; puis on concasse un 1/2 kilog. de noyaux de cerises, dont on écrase les amandes. On met le tout dans une cruche pouvant contenir une trentaine de litres; on y met quinze litres de bonne eau-de-vie, huit litres d'eau et environ 3 kilog. de sucre; pour chaque litre on ajoute deux grains de poivre blanc, huit gros de canelle, le tout concassé. On laisse infuser deux fois 24 heures et on passe la liqueur par la chausse d'hypocras.

Liqueur d'anis.

On met un quart de litre d'essence d'anis distillée dans trois litres de la meilleure eau-de-vie avec un litre d'eau bouillie. — On peut y ajouter, si on veut, un litre de sucre clarifié. On passe le tout par la chausse d'hypocras.

Vinaigre fait avec du vin gâté.

On remplit un chandron de vin gâté, dont on veut faire du vinaigre; quand il bout, on l'écume; étant réduit d'un tiers, on met ce vin dans un vaisseau où il y ait déjà eu de bon vinaigre; on ajoute quelques poignées de cerfeuil par-dessus, et on bouche le vaisseau hermétiquement : ce sera du vinaigre en fort peu de temps.

Manière de causer promptement l'ivresse sans accident.

On met infuser dans le vin du bois d'aloès, qui vient des Indes, ou bien on fait cuire dans de l'eau des écorces de mandragore, jusqu'à ce que l'eau en devienne rouge. On met de cette eau dans le vin.

Moyen de faire revenir les sens et la raison à une personne ivre.

Il faut lui donner à boire un grand verre de vinaigre avec de l'eau, ou du suc de choux, ou lui faire avaler du miel.

Vernis, dit Chinois, pour la chaussure.

Après avoir fait bouillir un litre et demi de vin, le plus pur possible; on y ajoute, quand il est tiède, dix noix de galle concassées et 125 grammes de bois du Brésil; on les y laisse deux fois vingt quatre heures et on passe dans un linge à froid. Puis on y mêle 750 grammes de gomme ordinaire qu'on y laisse pendant vingt quatre heures. On ajoute 250 grammes de mélasse avant de faire bouillir le tout une demi heure. Enfin on y met 25 grammes de sulfate de fer et autant de sulfate de cuivre, un litre et demi d'esprit de vin à 36 degrés et 15 grammes d'indigo de Bengale ; trois heures après on passe tout cela dans un linge fin.

Observations. — Il faut bien observer de faire bouillir de manière à avoir assez mais pas trop de liquide, soit dans la décoction, soit dans la solution de gomme, afin d'obtenir la consistance de la mélasse.

Manière de l'employer. — Il faut d'abord bien cirer la chaussure avec du cirage ordinaire, et ensuite à l'aide d'un pinceau on passe deux ou trois couches du vernis ci-dessus, et on laisse sécher.

Après cela, si l'on veut vernir la chaussure qui a été déjà vernie, il faut la laver avec de l'eau pour enlever le premier vernis, et opérer comme nous l'avons dit, mais il faut que le cuir soit bien sec.

Moyen de dégoûter du vin ceux qui y sont trop adonnés.

On met dans une quantité suffisante de vin trois ou quatre anguilles, qu'on y laisse mourir. On donne à boire de ce vin, et l'on est sûr de dégoûter du vin, celui qui en buvait avec le plus d'excès; il n'en voudra même plus boire, ou n'en boira qu'avec réserve.

Autre moyen. — On reçoit dans un vaisseau l'eau qui coule de la vigne nouvellement taillée, et on en met dans le vin avant de le donner à boire.

Procédé pour tracer des lettres noires ineffacables sur des ouvrages d'argent.

On prend du plomb brûlé réduit en poudre qu'on incorpore avec un peu de soufre et du vinaigre jusqu'à consistance de couleur à peindre; on s'en sert pour écrire sur les ouvrages d'argent. Quand cette écriture est sèche, on l'approche du feu pour échauffer l'ouvrage, et l'opération est terminée.

Procédé pour écrire en lettres d'or ou d'argent.

Prenez une coquille d'or ou d'argent que vous détrempez avec de l'eau de gomme arabique; après l'avoir bien remuée, vous la laisserez reposer.

Encre d'imprimerie.

On prend 500 gram. de vernis liquide ordinaire, composé de sandaraque des anciens (gomme de genièvre), et d'huile de lin; on y ajoute 31 gram. de noir de résine, qui en est la fumée, et, avec suffisante quantité d'huile de noix, on donne à l'encre une bonne consistance en la faisant bouillir à petit feu, un peu plus l'été, un peu moins l'hiver, parce qu'en été l'encre doit être plus forte, c'est à dire avoir moins d'huile proportionnellement à la quantité de vernis.

Inscriptions sur le marbre.

Cette encre se fait avec de la fumée d'huile de lin, et de la poix noire mêlées et cuites ensemble à petit feu : c'est ce qu'on appelle stuc.

Moyen de dissoudre toutes sortes de pierres.

On distille à petit feu, par la cornue, des pelotes formées de farine de seigle et qu'on a eu soin de faire sécher. Les pierres se dissoudront dans les esprits obtenus par cette distillation.

Moyen de blanchir les dentelles, les tulles, les linons, les filets et les blondes.

Avant de mettre dans l'eau le tulle ou la dentelle, il faut bien remarquer s'il n'y a pas quelques réseaux cassés, afin de les racommoder tout de suite, pour éviter que le trou ne s'agrandisse en lavant, et surtout en détirant ce léger tissu.

Après cela on trempe consécutivement les dentelles et autres tissus dans 93 gram. d'eau de savon chaude; on ne les frotte pas, seulement on les passe dans les mains, puis on les expose au soleil ; ou bien on les fait mitonner avec de la graisse de mouton dans une eau très chargée de savon, avant le repassage on lui donne une eau très-légère d'empois blanc, et on la fait sécher à demi dans un linge.

Autre moyen — On ne repasse point les tissus, mais on les attache secs sur un tapis, en ouvrant tous les points avec des épingles ; puis on trempe une éponge fine dans de l'eau de gomme adragant, et l'on humecte la dentelle ; on essuie aussitôt avec une autre éponge fine afin que l'humidité ne pénétre pas le tapis, et que la dentelle soit légèrement mouillée.

S'il s'agit de bonnets à trois pièces ou autres ayant la forme de la tête, on peut coiffer d'un serre-tête de drap vert doublé une de ces têtes de plâtre dont se servent les modistes; puis la coiffer du bonnet, qu'on attache tout au tour avec des épingles à dentelle. Il est indispensable que le serre-tête de drap soit fortement fixé sur la tête qui sert de forme.

Moyen de blanchir la paille.

Il faut tremper la paille dans une solution d'acide muriatique oxygéné, saturé de potasse en quantité suffisante. Ce procédé rend la paille très-blanche et plus flexible.

Moyen de laver le nankin sans qu'il perde sa couleur.

Jetez une poignée de sel dans un grand vase d'eau fraîche, faites y tremper le nankin pendant 24 heures, et lavez-le sans le tordre et sans savon à l'eau de lessive chaude, il conservera sa couleur.

Moyen de nettoyer les gants sans les mouiller.

Posez les gants sur une planche très-propre, prenez une petite brosse ferme et brossez-les avec un mélange d'argile à dégraisser, bien sèche, et d'alun en poudre. Après les avoir bien battus et brossés pour faire tomber les matières, vous répandez dessus du son sec et du blanc d'Espagne; puis vous les époussetez de nouveau : cela suffira, s'ils ne sont pas trop sales. — Dans le cas contraire, vous enlevez la graisse avec de la croûte de pain grillée et de la poudre d'os brûlés; puis vous frottez avec de la flanelle imprégnée de poudre d'alun et de terre à dégraisser. — Ces gants seront blanchis sans être lavés, ce qui les gâte et les fripe.

Moyen de donner au bois l'apparence de l'acajou.

On commence par passer sur la surface du bois

de l'eau forte (acide nitrique), affaiblie d'une quantité d'eau assez considérable pour faire prendre au bois une couleur rougeâtre. Puis on compose une teinture en faisant dissoudre dans une bouteille d'esprit de vin 31 grammes de sang de dragon (résine) et autant de carbonate de soude; quand ce liquide est filtré, on en applique plusieurs couches jusqu'à ce que le bois ait bien pris la couleur de l'acajou ; on lui donne ensuite le lustre avec un peu d'huile.

Cirage dit anglais.

Prenez 62 grammes de noir d'ivoire, 31 grammes de sucre candi, 31 grammes de gomme arabique, 12 grammes d'huile essentielle de lavande, 31 grammes d'acide sulfurique, 31 grammes d'acide muriatique et 125 grammes de vinaigre; laissez infuser le tout à une douce chaleur pendant 24 heures. — Ce cirage ne brûle pas les bottes, et il ne revient pas à plus de deux francs par an.

Moyen de dégraisser les cheveux.

Prenez un jaune d'œuf cru, humectez-en la main, passez-la à plusieurs reprises sur les cheveux, et ensuite peignez-les au peigne fin.

Moyen d'embellir les cheveux, de les faire croître et d'empêcher qu'ils ne tombent.

Faites bouillir 500 grammes de bois de buis vert coupé très-fin, dans un litre d'eau pendant une heure. Puis égouttez ce liquide pour le mêler avec une égale quantité de vin vieux, 62 grammes de baume du Pérou, et 31 grammes de teinture de quinquina, bien mélangés dans un mortier. — Le matin et le soir vous en frotterez les mains pour les passer ensuite dans les cheveux.

Moyen de teindre les cheveux en beau noir.

Pendant une heure on fait bouillir dans un litre

d'eau claire 31 grammes de mine de plomb et autant de râclure de bois d'ébène ; lavez les cheveux avec cette teinture, plongez-y le peigne dont vous vous servez, et ils deviendront d'un bon noir. — Cette couleur sera plus vive et plus éclatante si vous ajoutez un peu de camphre à ce mélange.

Liquide pour écrire en argent sans argent.

On prend 31 grammes d'étain très-fin et 62 grammes de vif argent; on les mêle bien, afin que le tout devienne coulant; puis on le broie sur l'écaille de mer avec de l'eau gommée. Les lettres tracées avec cette encre paraissent d'argent.

Liquide pour écrire en or sans or.

On prend 31 grammes d'orpiment et autant de cristal en poudre très-fine; puis on mêle avec soin cette poudre dans cinq ou six blancs d'œufs battus et réduits en eau; on s'en servira pour écrire ou pour peindre en couleur d'or.

Moyen de teindre les os en toutes sortes de couleurs.

On fait cuire les os, puis il faut avoir une eau de chaux un peu forte et mêlée d'urine, dans laquelle on met du vernis, de la craie rouge, de la bleue, ou de tout autre couleur avec les os. On fait bouillir le tout, et les os prendront la couleur parfaitement.

Pâte qui ressemble au marbre noir.

On prend 62 grammes de spath, qu'on fait dissoudre à petit feu dans un pot plombé; puis on y ajoute le tiers de carabé fondu; lorsque le tout est bien mêlé et bien fondu, on le retire du feu pour le jeter tout chaud dans un moule poli avec soin; quand la pâte est sèche, on la sort du moule.

Moyen de contrefaire l'écaille de tortue sur le cuivre.

Il faut oindre des lames de cuivre ou d'oripeau avec de l'huile de noix, et les faire sécher sur un petit feu. Pour cela, on les appuie par les bouts sur de petites barres de fer.

Moyen de blanchir les voiles de dentelle noire et les blondes de même couleur.

On lave ces objets dans une eau chaude mélangée de fiel de bœuf; on les rince ensuite dans de l'eau froide jusqu'à ce que l'odeur de cette substance ait disparu. On exprime bien l'eau sans tordre, puis on empèse. Pour cela on fait fondre de la colle de poisson dans l'eau bouillante, on trempe les voiles ou blondes dans cette eau légèrement collée, on les presse entre les mains, et on les étend en les détirant comme nous l'avons dit pour les dentelles blanches.

On peut également se servir d'une éponge en la baignant dans l'eau collée.

Moyen de blanchir des soieries blanches.

Faites dissoudre dans de l'eau bouillante une quantité suffisante de savon blanc. Lorsque cette eau n'est plus assez chaude pour vous brûler, trempez-y l'étoffe que vous pressez souvent dans la main, en l'ouvrant et la fermant pour y faire entrer et en chasser tour à tour le liquide sans avoir besoin de tordre l'étoffe qui s'éraillerait. Si vous apercevez quelque tache plus tenace, trempez-la dans l'eau savonneuse, et frottez-la légèrement entre les doigts; s'il le faut, répétez cette opération en mettant dans l'eau de savon un peu de miel liquide ou d'eau-de-vie. Rincez ensuite dans l'eau tiède, puis dans l'eau froide; séchez et brossez bien avec une brosse douce, toujours dans le même sens.

Le moment est alors venu de soufrer l'étoffe, afin de lui donner cette espèce de blanc azuré des belles soieries. Pour cela, suspendez-la à cinq ou six pieds de hauteur dans un petit cabinet, sans cheminée, dont les fenêtres soient closes, et dont il faut que la porte n'ait aucune fente et puisse se fermer hermétiquement. Placez, loin des fenêtres, sur un fourneau plein de charbons ardents, une plaque de tole avec quelques morceaux de soufre concassé; sortez du cabinet et fermez-en soigneusement la porte. Le soufre fond, s'enflamme légèrement et se convertit en gaz acide sulfureux, qui agit sur les soieries; il est impossible de fixer la quantité de soufre à employer; cela dépend de la grandeur du cabinet; mais, comme à la longue le gaz alcide sulfureux attaquerait la soie, il est bon de ménager à la porte une ouverture recouverte d'un verre, à travers lequel on puisse distinguer le moment où les soieries sont devenues bien blanches: alors on cesse l'opération.

Si l'on n'opère que sur peu d'étoffes, sur quelques fichus ou quelques bas de soie, par exemple, rien n'empêche de faire le soufrage sous une caisse dans l'intérieur de laquelle on suspend les objets et que l'on renverse sur le soufre en combustion. Mais, alors, il faut des précautions pour que rien ne brûle, et il est bon de soulever de temps en temps la caisse pour observer les progrès du soufrage et saisir l'instant où il doit cesser, à moins qu'on ne se soit ménagé les moyens de les suivre en pratiquant, dans deux parois opposés de la caisse, deux trous munis d'un verre, et placés vis-à-vis l'un de l'autre. Au reste, quelle que soit la manière d'opérer, il faut éviter avec soin de respirer la vapeur suffocante et délétère du soufre.

Ces précautions peuvent dégoûter les jeunes personnes du soufrage, et leur feront accueillir avec plaisir un moyen facile de le remplacer.

Après avoir rincé l'étoffe de soie dans de l'eau tiède, agitez dans uu peu d'eau fraîche une boule de bleu anglais (ces boules sont connues sous le nom de M. Vuy); quand l'eau a acquis la teinte que vons jugez convenable, plongez-y l'étoffe, séchez-la sans tordre, puis brossez-la comme nous avons déjà dit.

Moyen de blanchir les voiles de soie.

On blanchit les voiles de soie, dits gaze de laine, unis ou brochés, comme nous l'avons indiqué pour les soieries blanches. On les soufre également et on les trempe dans de l'eau de gomme arabique tiède; on doit exprimer l'eau sans tordre, en pressant entre les mains ou dans un linge fin, ensuite on étend le voile sur un cadre de bois recouvert de toile ou plutôt de drap vert, ou sur une table à jouer; on y attache le voile dans tous les sens avec des épingles à dentelles en le détirant bien afin qu'il ne fasse aucun faux pli. Beaucoup de personnes commencent par tendre le voile immédiatement après le savonnage, et mettent ensuite l'eau gommée au moyen d'une éponge fine qu'on trempe de cette eau et qu'on promène sur le voile tendu. — On lustre aussi les étoffes de soie de cette façon.

Moyens de nettoyer les rubans.

Les rubans lavés comme des étoffes de soie, selon leur couleur, doivent être lustrés avec de la colle de poisson très-légère, en étendant cette colle sur le ruban au moyen de l'éponge, ou seulement avec de l'eau. On n'attache point les rubans à la table pour les y faire sécher. On met une feuille de papier blanc sur la table à jouer, puis le ruban sur cette feuille de papier, puis une nouvelle feuille sur le ruban; ensuite on prend le fer à repasser bien chaud, et on le passe sur la seconde feuille de papier. Tandis que l'on repasse le ruban ainsi enveloppé, il est nécessaire qu'une autre personne tire à mesure le ruban en droite ligne. Il doit sortir très-bien lustré.

Moyen d'empêcher que les mouches ne s'attachent aux tableaux et autres objets.

On fait tremper une botte de porreaux cinq ou six jours dans un seau d'eau; puis on lave les objets avec cette eau. — Ce procédé important est éprouvé.

TABLE

DES

DEUX CENTS PROCÉDÉS NOUVEAUX

DÉCRITS DANS CE VOLUME.

Pag.

EN VENTE :

A MONTAUBAN, place de l'Horloge, 36, et chez les principaux libraires du département.

A TOULOUSE, chez Jongla, libraire, rue St-Rome.

www.ingramcontent.com/pod-product-compliance
Ingram Content Group UK Ltd.
Pitfield, Milton Keynes, MK11 3LW, UK
UKHW021104270726
13993UKWH00006B/1003